JN183420

コロナ社創立 90 周年記念出版〔創立 1927 年〕

情報ネットワーク科学シリーズ　第2巻

情報ネットワークの数理と最適化

性能や信頼性を高めるためのデータ構造とアルゴリズム

電子情報通信学会【監修】

巳波 弘佳
井上 　武【共著】

コロナ社

シリーズ刊行のことば

情報通信分野の技術革新はライフスタイルだけでなく社会構造の変革をも引き起こし，農業革命，産業革命に継ぐ第三の革命といわれるほどの社会的影響を与えている．この変革はネットワーク技術の活用によって社会の隅々まで浸透し，電力・交通・物流・商取引などの重要な社会システムもネットワークなしには存在し得ない状況になっている．すなわち，ネットワークは人類の生存や社会の成り立ちに不可欠なクリティカルインフラとなっている．

しかし，「情報ネットワークそのもの」については，その学術的基礎が十分に理解されないままに今日の興隆を招いているという現実がある．その結果，情報ネットワークが大きな役割を果たしているさまざまな社会システムにおいて，特にそれらの信頼性において極めて重大な問題を抱えていることを指摘せざるを得ない．劇的に変化し続ける現代社会において，情報ネットワークが人や環境と調和しながら持続発展し続けるために，確固たる基盤となる学術及び技術が必要である．

現状を翻ってみると，現場では技術者の経験に基づいた情報ネットワークの設計・運用がいまだ多くなされており，従来，情報ネットワークの学術基盤とされてきた諸理論との乖離はますます大きくなっている．実際，例えば，大学における「ネットワーク」講義のシラバスを見ると，旧来の待ち行列理論・トラヒック理論に終始するものも多く，現実の諸問題を解決する基礎とはおよそいい難い．一方，実用を志向するものも確かに存在するが，そこでは既存の通信プロトコルを羅列し紹介するだけの講義をもって実学教育としている．

本シリーズでは，そのような現状を打破すべく，従来の情報ネットワーク分野における学術基盤では取り扱うことが困難な諸問題，すなわち，大量で多様な端末の収容，ネットワークの大規模化・多様化・複雑化・モバイル化・仮想化，省エネルギーに代表される環境調和性能を含めた物理世界とネットワーク世界の調和，安全性・信頼性の確保などの問題を克服し，今後の情報ネットワークのますますの発展を支えるための学術基盤としての「情報ネットワーク科学」の体系化を目指すものである．そのためには，既存のいわゆる情報通信工学だけでなく，その周辺分野，更には異種分野からの接近，数理・物理からの接近，社会経済的視点からの接近など，多様で新しい視座からのアプローチが重要になる．

シリーズ第1巻において，そのような可能性を秘めた新しい取組みを俯瞰した後，情報ネットワークの新しいモデリング手法や設計・制御手法などについて，順次，発刊していく予定である．なお，本シリーズは主として，情報ネットワークを専門とする学部や大学院の学生や，研究者・技術者の専門書になることを目指したものであるが，従来の大学専門教育のカリキュラムに飽き足りない関係者にもぜひ一読していただきたい．

電子情報通信学会の監修のもと，この分野の書籍の出版に長年の実績と功績があるコロナ社の創立90周年記念出版の事業の一つとして，本シリーズを次代を担う学生諸君に贈ることができるようになったことはたいへん意義深いものである．

最後に，本シリーズの企画に賛同いただいたコロナ社の皆様に心よりお礼申し上げる．

2015年8月

編集委員長　村　田　正　幸

ま　え　が　き

情報ネットワークの研究が扱う「ネットワーク」とは，その幾何的構造に焦点をあてると，頂点の集合と2頂点間を結ぶ線分（辺）の集合から構成される幾何図形，つまりグラフとみることができる．グラフに関する研究は古くから積み重ねられ，離散数学の一分野であるグラフ理論を築いてきた．定義は単純であるが，奥深い性質を豊富にもち，位相幾何学などほかの数学の分野とも密接につながっている．また，現実の世界とも強い結びつきをもっている．実際，インターネットやSNSなどはもちろん，地図・交通網や，建築設計・LSI設計・化学・生命科学など多くの領域に，グラフとしてモデル化できるものが多数存在する．また，限られた制約の範囲内で何かを最適化するという最適化問題は現実の世界には多々存在するが，よく知られた最短路問題はグラフ上の最適化問題である．

情報ネットワークを数理的に扱うといっても，多様な視点がある．幾何的構造を扱おうとするか，ウィルス感染などネットワーク上で起こる現象を扱おうとするか，ネットワークの設計や制御の方法を扱おうとするかなどによって，用いる数理的アプローチは変わってくる．しかし，どのような視点であれ共通して必要なものは，グラフ理論の概念であり，グラフに関わる基本的なアルゴリズムであり，アルゴリズムの性能を測るための計算量である．そこで本書では，情報ネットワークにおけるグラフ理論と最適化とアルゴリズムに関する事項を中心に述べることにした．

情報ネットワークと密接につながりがある応用として，インターネットのほかに，電力網や道路網などがある．これらに共通していえるのは，ネットワークは所与のものとして眺めるだけの対象ではなく，実際に設計し，制御しなければならない対象だということである．特に，社会の重要なインフラとしてなくてはならない存在にもなっている情報ネットワークは，理想的には，最適に設計され，最適に制御されなければならない．そのため，これまでさまざまな最適化問題が検討され，アルゴリズムが作られ，それらを用いて設計や制御がなされてきた．ひとたび設計法や制御法が作られたとしてもそれで終わりではなく，技術の進歩や利用状況の変化，新たなサービスの導入などによって，それらに応じた新たな設計法や制御法が必要となる．更に，最適解を見つけることは一般に容易ではなく，多くの設計法や制御法は近似アルゴリズムやヒューリスティックアルゴリズムに基づくものであるため，常に暫定的なものといっても過言ではなく，より効率的なアルゴリズムが不断に探求されている．このように，理論だけでなく実際の応用の観点からも，最適化とアルゴリズムの研究は今もなお日々行われているのである．

本書では，ネットワークの設計や制御における基本的な最適化問題のみならず，近年の情報ネットワーク分野の変化に伴って現れてきた新しい最適化問題やアルゴリズムも紹介する．また，近年注目されている BDD（Binary Decision Diagram）というデータ構造とアルゴリズムについても紹介する．もとは他分野で発展した技術であるが，これを用いた新たな最適化のアプローチが成功を収めている．これらは類書ではまだほとんど扱われていないが，特に現実の情報ネットワークを扱っていく上で今後重要なツールの一つになると思われる．

本書の構成について述べる．

1章では，情報ネットワークを扱う上で基本的な知識として，グラフ理論，最適化問題，アルゴリズムと計算量，ネットワークのデータ構造と基本アルゴリズム，そして動的計画法について述べた．

2章では，情報ネットワークの制御，特に経路制御に関する基本的なアルゴリズムとして，最短路問題やネットワークフロー問題とそれらに対するアルゴリズムをまとめた．最短路問題とは，頂点間をつなぐ辺重みの和が最小となるような経路を求めるものであるが，逆に辺重みを変えることにより最短路を変更する経路制御が考えられている．この経路制御は最適化問題として扱えるが，これまで類書ではあまり取り上げられていないため，本書ではこれについても触れた．

3章では，信頼性の高い情報ネットワークの設計に関するさまざまな最適化問題とそのアルゴリズムについて述べた．特に情報ネットワークの設計を意識して説明したが，道路網や鉄道網の設計など他分野においても類似のものが存在する汎用性の高い最適化問題である．

4〜6章では，より現実的で複雑な対象も扱うことができるBDDと，それが威力を発揮するさまざまな問題とアルゴリズムを紹介した．

まず，4章では，各リンクが確率的に故障するとき，ノード間に通信経路が存在する確率を計算する方法について述べた．これは，ネットワークの信頼性を評価するための基盤となる重要なアルゴリズムである．

5章では，マルチキャストと呼ばれる同報型のデータ配信方式を想定し，現状からの設定変更回数や機器の限界特性など複雑な制約条件の下で配信経路を最適化するアルゴリズムを紹介する．マルチキャストにおける配信経路を求める問題は，2章の最短路問題などと一見類似したものであるが，制約条件が少し変わるだけで問題としての性質は大きく異なり，アルゴリズム設計のアプローチも異なることがわかるであろう．

6章では，最適化手法などを用いて設計したネットワークの「正しさ」を検証する方法について述べた．現在のネットワークは宛先への到達性だけでなく，通信品質やセキュリティも考慮して経路を設定するため，全体として正しく動作させることは簡単ではない．

7章では，現実の多くのネットワークがもつ性質を紹介し，そのような性質を再現できるネットワーク生成モデルを紹介した．これらの性質は近年知られ始め，ようやくネットワーク生成モデルの探求が一段落したばかりであり，現実のネットワークの性質を利用したアルゴリズムの設計はまだほとんど進んでいない．今後，より高度なネットワークの設計法や制御法を作るにあたって，これらのアルゴリズムの必要性が高まってくるであろう．

8章では，本書では特に触れなかった新たなタイプのアルゴリズム研究の萌(ほう)芽について紹介した．現実の情報ネットワークとも関わりのある興味深いものであるが，かなり高度であるため，基盤的な知識の修得に重きを置いた本書では詳細は割愛した．興味のある人は更に学んでいって欲しい．

本書の章末問題の解答はコロナ社の web ページ

http://www.coronasha.co.jp/np/isbn/9784339028027/

からダウンロードできるので，ぜひ章末問題にも取り組んでいただきたい．

なお，1〜3 章及び 7 章，8 章は巳波が主に担当し，4〜6 章は井上が主に担当して執筆した．

最後に，本書を執筆するにあたり，多くの方々に多大なご協力をいただいたことに心より深く感謝する．特に，編集委員長の大阪大学 村田正幸氏からは全体を通して有益なコメントをいただいた．また，福井工業大学 藤原明広氏と関西学院大学 土村展之氏には特に 1〜3 章及び 7 章に対してさまざまなコメントをいただいた．日本電信電話株式会社 永田尚志氏とウォータールー大学 Chen Richard 氏には特に 4〜6 章を丁寧に読んでいただき，多くの改善案をいただいた．また，本書を出版するにあたり，多大なご協力をいただいたコロナ社の関係各位に厚くお礼申し上げる．

2015 年 10 月

巳　波　弘　佳
井　上　　　武

目　　次

3. どのようにネットワークを高信頼化するのか

4. ネットワークの信頼性をより正確に測るには

5. 複雑な制約条件のもとで最適解を見つけるには

6. ネットワークの設定ミスをなくせるか

7. ネットワークはどのような形をしているのか

8. お わ り に

第 1 章

情報ネットワークを数理的に扱うとは，どういうことか

本書では，情報ネットワークの特に幾何的構造に焦点をあてて，その数理的側面について紹介する．頂点の集合と，頂点と頂点をつなぐ線分から構成される図形であるグラフを扱う，**グラフ理論**（graph theory）という学問分野がある．興味深い性質を豊富に含んでいるグラフは，離散数学の一分野において深く研究されている．一方，インターネットに代表される情報ネットワークや電力網・道路網など，現実の世界の中に存在するネットワークの幾何的構造はグラフによってモデル化されて設計・制御される対象でもある．設計や制御のためには，最適化やそのためのアルゴリズムが必要となる．

本章では，情報ネットワークを扱う際に必要不可欠な，グラフ理論・最適化・アルゴリズムに関する基本的な事項をまとめる．

1.1　グラフ理論の基礎

情報ネットワークの幾何的構造を扱うための基盤的な学問として，グラフ理論がある．ここで**グラフ**（graph）とは，**頂点**（vertex）の集合と，頂点と頂点をつなぐ線分である**辺**（edge）から構成される図形である．グラフは頂点の接続関係のみを表し，一般に座標をもたない．x–y 平面上に描かれた放物線や三角関数のようなものもグラフと呼ばれるが，情報ネットワーク分野ではそれとは使い分けている．なお，グラフという用語は構造を表し，ネットワークという用語は，グラフの辺や頂点に重みなどの数値が付与されたものとして区別することが多い．グラフの定義は単純であるが，情報科学の諸問題のみならず現実のさまざまな問題やシステムをモデル化できる高い能力をもつ．

グラフは，正確には頂点集合 V と辺集合 E $(\subseteq V \times V)$ の組 $G=(V,E)$ として定義される．**図 1.1** は，頂点集合 $\{v_1, v_2, \cdots, v_9\}$，辺集合 $\{(v_1,v_2), (v_1,v_4), (v_1,v_5), (v_2,v_3), (v_2,v_4), (v_2,v_6), (v_3,v_4), (v_3,v_6), (v_3,v_7), (v_4,v_5), (v_5,v_6), (v_7,v_8), (v_7,v_9), (v_8,v_9)\}$ のグラフの例である．

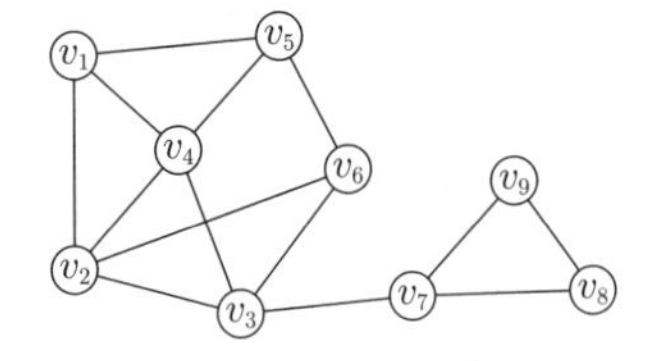

図 1.1　頂点集合，辺集合のグラフの例

頂点 v と頂点 w の間に辺があるとき，v と w は**隣接している**（adjacent）という．辺 $e=(v,w)$ に対して，頂点 v 及び w を辺 e の**端点**（end vertex）という．また，辺 e は頂点 v 及び頂点 w に**接続している**（incident）という．頂点 v, w の間に 2 本以上の辺があるとき，それらを**多重辺**（multi–edge）といい，辺の両端の頂点が同一であるとき，その辺を**ループ**（loop）という．

辺 (v,w) と辺 (w,v) を区別しないものを**無向グラフ**（undirected graph），区別するものを**有向グラフ**（directed graph：digraph）という．本書では，単にグラフと書いた場合，無向グラフを指すものとする．有向グラフにおける辺を特に**有向辺**（directed edge, arc）ともいい，有向辺 (v,w) は向きを表す矢印で表される．有向辺 (v,w) の頂点 v を**始点**（tail vertex），頂点 w を**終点**（head vertex）という．**図 1.2** は有向グラフの例である．

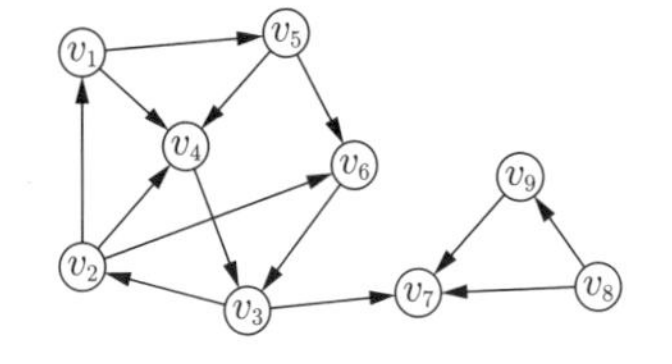

図 1.2　有向グラフの例

インターネットは，ルータなど通信ノードを頂点，ノード間をつなぐ通信リンクを辺と考えることで無向グラフによりモデル化できる．WWW は，Web ページを頂点，Web ページ内部からほかの Web ページへ張られているハイパー

リンクを有向辺と考えることで有向グラフとしてモデル化できる．

無向グラフにおける頂点の**次数**（degree）とは，その頂点に接続している辺数のことである．例えば，図 1.1 の頂点 v_1 の次数は 3 である．有向グラフにおいては，その頂点からほかの頂点へ向かう有向辺の本数を**出次数**（out–degree）といい，ほかの頂点から入ってくる有向辺の本数を**入次数**（in–degree）という．図 1.2 における頂点 v_4 の出次数は 1，入次数は 3 である．

路（walk）とは，頂点の系列 $(v_{i_1}, v_{i_2}, \cdots, v_{i_k})$ であって

$$(v_{i_1}, v_{i_2}), (v_{i_2}, v_{i_3}), \cdots, (v_{i_{k-1}}, v_{i_k}) \in E$$

つまりグラフの中で辺をたどってつながっている頂点の系列であるものをいう．有向グラフの場合は特に**有向路**（directed walk）ともいう．v_{i_1}, v_{i_k} を路の**端点**，$v_{i_2}, \cdots, v_{i_{k-1}}$ を**内点**（inner vertex）という．頂点がすべて異なる路を**経路**（path）といい，$v_{i_1} = v_{i_k}$ である経路のことを**閉路**（cycle）という．有向グラフの場合は**有向閉路**（directed cycle）という．**図 1.3**(a) の $(v_1, v_2, v_3, v_7, v_9)$ は経路の例，図 (b) の $(v_1, v_2, v_3, v_6, v_5, v_1)$ は閉路の例である．また，**図 1.4**(a) の $(v_1, v_5, v_6, v_3, v_7)$ は有向路の例，図 (b) の $(v_1, v_5, v_4, v_3, v_2, v_1)$ は有向閉路

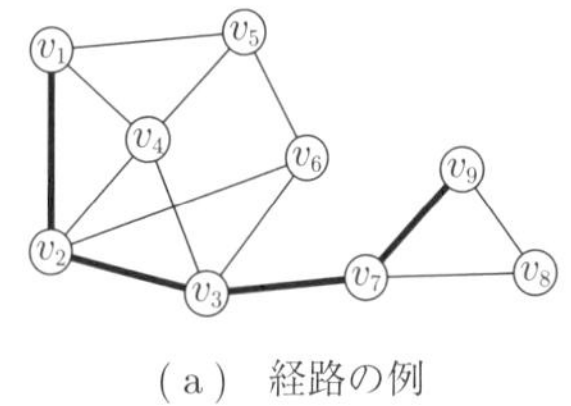

（a） 経路の例　（b） 閉路の例

図 1.3　経路，閉路の例

（a） 有向路の例　（b） 有向閉路の例

図 1.4　有向路，有向閉路の例

の例である．

グラフにおいて，頂点 v と頂点 w との間に路が存在するとき，v と w は**連結**（connected）であるという．グラフの任意の 2 頂点が連結しているとき，**連結グラフ**（connected graph）という．

よく使われる特殊な形状のグラフをいくつか挙げる（**図 1.5**）．図 (a) の**完全グラフ**（complete graph）とは，全ての頂点が互いに隣接しているグラフのことである．また，図 (b) の**二部グラフ**（bipartite graph）とは，V が V_1 と V_2 と分割され，全ての辺 (v,w) において $v \in V_1$，$w \in V_2$ となるものをいう．図 (c) のように閉路をもたない連結なグラフを**木**（tree）という．なお，閉路を持たない（連結とは限らない）グラフを**森**（forest）という．図 (d) の**格子グラフ**（grid graph）とは $\mathbf{Z}^2$（整数格子点）を頂点集合とし，各頂点は x 座標値または y 座標値が 1 だけ異なる頂点と隣接しているグラフである．

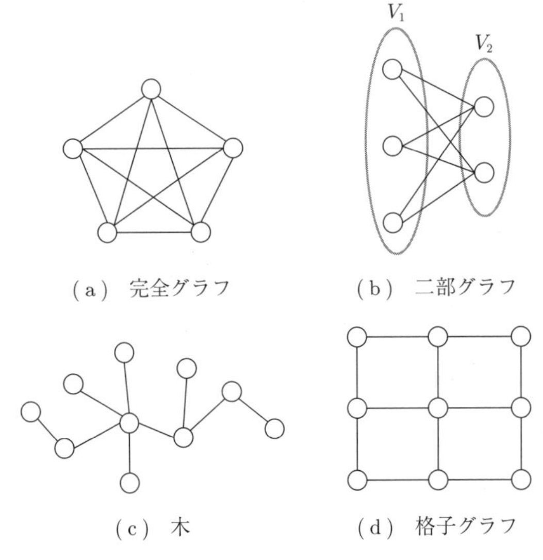

図 1.5　完全グラフ，二部グラフ，木，格子グラフ

有向グラフの場合に特徴的でよく用いられるものとして，**有向木**（directed tree, arborescence）がある．有向木とは，有向グラフ $T = (V, E)$ において辺

の向きを無視して得られる無向グラフが木となっており，更に全ての頂点の入次数が 1 以下であるか，あるいは全ての頂点の出次数が 1 以下であるものをいう．特に，前者は**出木**（out–tree），後者は**入木**（in–tree）という．前者では入次数が 0 の頂点，後者では出次数が 0 の頂点がそれぞれ唯一存在するため，そのような頂点を**根**（root）という．そのため，有向木のことを**根付木**（rooted tree）ともいう．有向木の頂点 v に対して，v の隣接点のうち，根に近い側の頂点（根と v をつなぐ有向路上にある隣接点）を**親**（parent）といい，その他の隣接点を**子**（child）という．有向木の例を**図 1.6** に挙げる．なお，図 (b) の出木において，頂点 v_8 の親は頂点 v_7 であり，頂点 v_4 の子は v_1 と v_5 である．

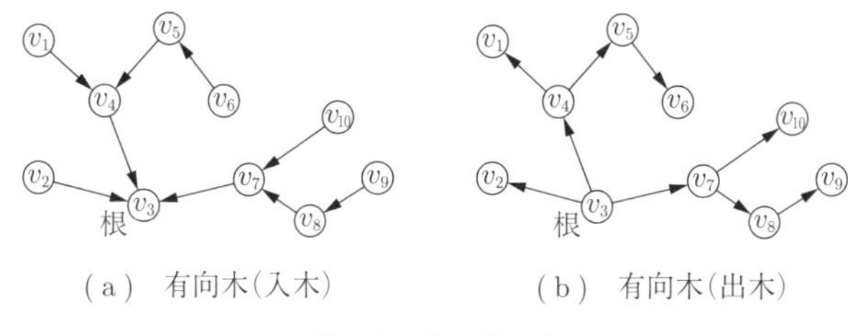

（a） 有向木（入木）　（b） 有向木（出木）

図 1.6 有 向 木

無向グラフ $G = (V, E)$ において，$V'(\subseteq V)$ と $E'(\subseteq E)$ によって定まる $G' = (V', E')$ がグラフであるとき，つまり，$e = (v, w) \in E'$ なら $v, w \in V'$ であるとき，G' を G の**部分グラフ**（subgraph）という．特に，$V' = V$ であるとき，G' を**全域部分グラフ**（spanning subgraph）という．また，全域部分グラフが木であるとき，特に**全域木**（spanning tree）ともいう．グラフ $G'' = (V'', E'')$ が

$$V'' \subseteq V$$

$$E'' = \{e = (v, w) \in E : v, w \in V''\}$$

を満たすとき，G'' を G から V'' で誘導される**生成部分グラフ**（induced subgraph）という．なお，集合 A が，集合 B の要素 a で条件 P を満たすものの集まりであるとき，$A = \{a \in B : P\}$ と表記する．したがって，E'' は，E に

含まれる辺 e であって，e の両端点 v, w がともに V'' に含まれているようなものの集合を意味する．元のグラフに対する部分グラフ，全域部分グラフ，全域木，生成部分グラフの例を**図 1.7** に挙げる．

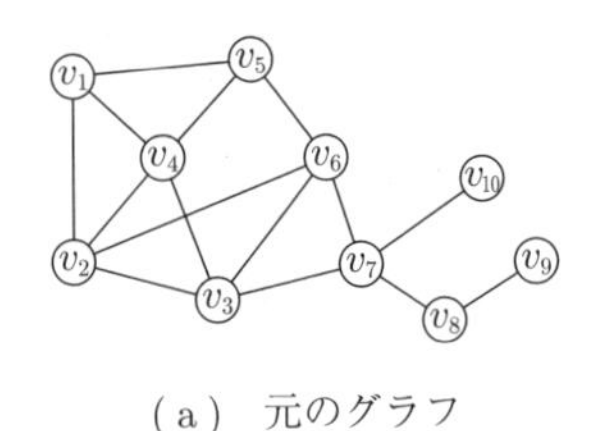

(a)　元のグラフ

(b)　部分グラフ

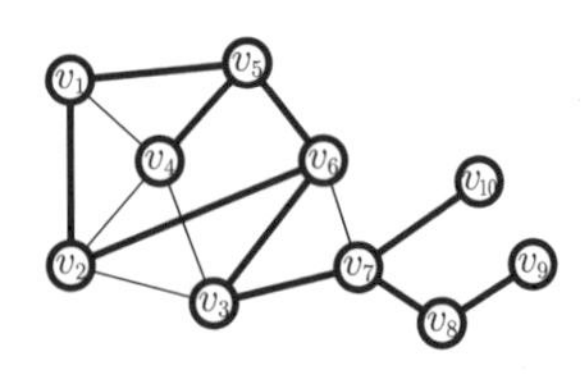

(c)　全域部分グラフ

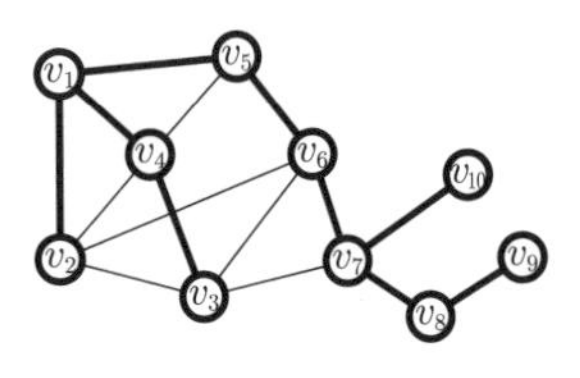

(d)　全域木

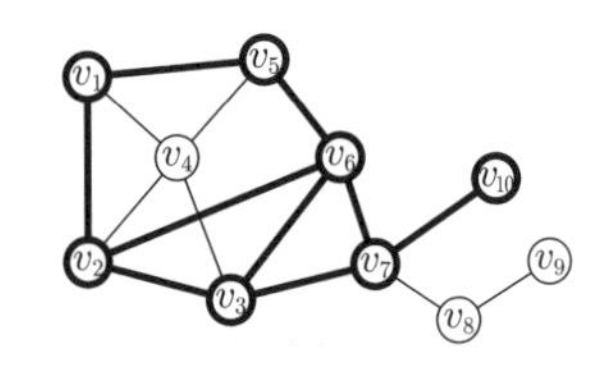

(e)　頂点部分集合 $\{v_1, v_2, v_3, v_5, v_6, v_7, v_{10}\}$ による生成部分グラフ

図 1.7　元のグラフに対する部分グラフ，全域部分グラフ，全域木，生成部分グラフ

無向グラフにおいて，連結しているという性質に関して極大な連結部分グラフを**連結成分**（connected component）という．ここで極大というのは，この連結成分に加えて一つ以上の頂点を含むどのような部分グラフも非連結となってしまうことを意味する．

有向グラフ $G = (V, E)$ において，任意の二つの頂点 $u, v (\in V)$ に対して，u から v への有向路，v から u への有向路がともに存在するとき，G を**強連結**

(strongly connected) であるという．強連結とは限らない一般の有向グラフにおいて，「2 頂点 $u, v(\in V)$ に対して，u から v への有向路，v から u への有向路がともに存在する」という関係が成り立つ極大な頂点部分集合を**強連結成分** (strongly connected component) という．ここで極大というのは，この頂点部分集合に加えて一つ以上の頂点を含むどのような頂点部分集合も，上記の関係が成り立たないことを意味している．WWW のネットワークは有向グラフで表されるが，密接に関連している Web ページのグループを調べる際には，強連結性の観点からの分析も重要である．有向グラフの頂点集合は，強連結成分に直和分割できる．つまり，$V = V_1 \cup V_2 \cup \cdots \cup V_k$（ただし，$V_i \cap V_j = \emptyset$ $(i \neq j)$，各 V_i は強連結成分）と分割できる．なお，$\cup$ 及び $\cap$ は，集合演算記号であり，集合 A と集合 B に対して

和集合 $A \cup B = \{a : a \in A$ あるいは $a \in B\}$

共通集合 $A \cap B = \{a : a \in A$ かつ $a \in B\}$

を意味している．**図 1.8** は，有向グラフの強連結成分分解の例である．

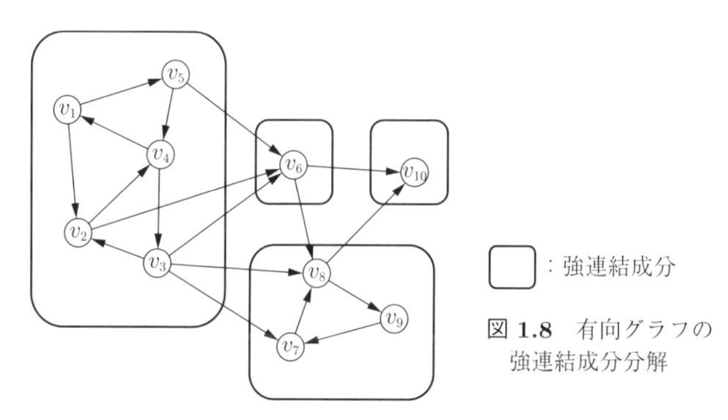

図 1.8 有向グラフの強連結成分分解

経路の**経路長** (path length) とは，その経路に含まれる辺数である．頂点 v と頂点 w の間の全ての経路の中で最小の経路長をもつ経路のことを，v と w の間の**最短路** (shortest path) という．頂点 v と頂点 w の間の**最短距離** (distance) とは，v と w の間の最短路の経路長のことである．グラフの任意の 2 頂点間の最短距離の最大値を**直径** (diameter)，グラフの任意の 2 頂点間の最短距離の

平均値を平均頂点間距離という．図 1.1 では，$(v_1, v_4, v_3, v_7, v_8, v_9)$ は一つの経路，$(v_1, v_2, v_3, v_6, v_5, v_1)$ は一つの閉路，v_1 と v_9 の最短距離は 4 であり，このグラフの直径は 4，平均頂点間距離は 74/36（約 2.06）である．

媒介中心性（betweeness centrality）とは，頂点の重要性を評価する尺度の一つであり，頂点を通過する最短路の数として定義される．情報ネットワークや人間関係ネットワークなどにおいて，情報は最短路に沿って流れることが多いため，数多くの最短路に含まれている頂点，つまり媒介中心性の大きい頂点は，多くの情報を把握できる位置や立場にあるといえる．

媒介中心性は正確には次のようにして定義される．頂点 s と頂点 t の間の最短路の総数を N_{st}，そのうち頂点 v を通るものの数を N_{st}^v とし，その比 $r_{st}^v = N_{st}^v / N_{st}$ を考える．これは，st 間の最短路のうち頂点 v を通るものの割合を意味する．st 間の最短路が一つだけであれば 1 であり，複数あれば v への影響の割合を表すものとみなせる．頂点 v 以外のすべての st の組に関する，この割合の和

$$b(v) = \sum_{s,t \in V \setminus \{v\}} r_{st}^v \tag{1.1}$$

を，媒介中心性という．ここで，$\setminus$ は集合演算記号であり，集合 A と集合 B に対して，差集合 $A \setminus B = \{a : a \in A \text{ かつ } a \notin B\}$ を意味する．任意の 2 頂点間において最短路数が 1 であるならば，媒介中心性は，頂点 v を通る最短路数に一致する．図 1.1 における頂点 v_1 の媒介中心性は 0 であるが，頂点 v_7 の媒介中心性は 12 であるため，頂点 v_7 には多くの最短路が集中している．同様に，辺に対する媒介中心性も定義することができる．

最短路や最短距離は経路に含まれる辺数で定義したが，各辺に**重み**（weight）と呼ばれる数値を付与することで定義を拡張する．まず，**経路の重み**（path weight）をその経路に含まれる辺重みの和とする．辺重みは**コスト**（cost）や**長さ**（length）と呼ばれることも多いため，経路の重みのことを**経路コスト**（path cost）や**経路長**（path length）ということもある．頂点 v と頂点 w の間の全ての経路の中で最小の経路の重みをもつ経路のことを**最短路**（shortest path）といい，最短路の経路の重みを v と w の間の**最短距離**（distance）という．全

ての辺重みが全て1であるとき，経路に含まれる辺の数で定義した最短路や最短距離と一致する．なお，グラフの辺や頂点に数値などの属性が付与されているようなものを**ネットワーク**（network）という．

1.2 最適化のための基本的な概念

最適化問題とそれを解くためのアルゴリズムと，アルゴリズムの性能評価尺度である計算量について述べる．更に，情報ネットワークに関するさまざまなアルゴリズムの基盤となるデータ構造とアルゴリズム，そして動的計画法の考え方についても述べる．

1.2.1 最適化問題

与えられた制約条件を満たしつつ目的関数を最適化するという**最適化問題**（optimization problem）は，ネットワークの分野のみならず，実世界のさまざまな場面に見られる．例えば，情報ネットワークは，通信ノード間で通信するための経路が存在するなどの制約条件を満たしつつ，通信リンクや通信ノードなどの機器や敷設費用などに相当するコストを最小化するという最適化問題を解いて設計しなければならない．

最適化問題の例を見てみよう．G を連結無向グラフとし，辺重み関数 w を，各辺 e $(\in E)$ に非負の実数値 $w(e)$ を対応させる関数とする．G と w の組からなるネットワークを $N = (G, w)$ とする．G の全域木 T の重み

$$w(T) = \sum_{e(\in T)} w(e)$$

が最小の全域木を**最小全域木**（minimum spanning tree）または単に**最小木**という．**図 1.9** に最小木の例を挙げる．ネットワークの最小木を求める**最小木問題**（minimum spanning tree problem）は，正確には次のように定義される．

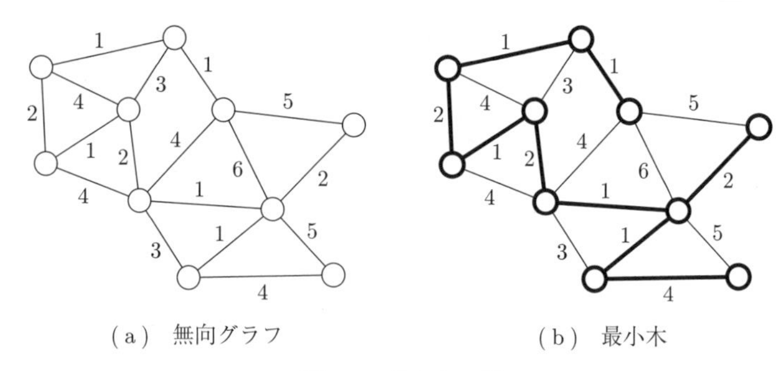

図 1.9　最小木の例

最小木問題

入　力：ネットワーク $N = (G, w)$

出　力：木 T

目的関数：T の重み（最小化）

制約条件：T は G の全域木

一般的に最適化問題は，入力データ，出力すべきデータ，目的関数（最大化または最小化の指定），制約条件の組の記述で定義される．ただし，入力と出力については自明であれば記述しない．制約条件を満たしつつ目的関数を最大化あるいは最小化する解（出力するデータ）のことを**最適解**（optimum solution）といい，最適解とは限らないが制約条件を満たす解のことを**実行可能解**（feasible solution）という．最小木問題でいえば，任意の全域木は実行可能解であり，最小木が最適解である．

ここで，**問題**（problem）と**問題例**（problem instance）の区別について述べておこう．一つの問題は有限個のパラメータを含み，それらのパラメータの値をデータとして具体的に指定することで一つの問題例が定まる．例えば最小木問題において，具体的なネットワークである図 1.9(a) は一つの問題例である．一つの問題は無数の問題例の集合からなっているといえる．最小木問題では，具体的なネットワークは無数にあり，それぞれに対して最小木が存在する．ここではネットワークが「パラメータ」に対応するため，少し奇妙に感じるかもしれないが，一つのネットワークを一つの数値（特に整数値）で表すこともできる．ネットワークを数値で表すと把握しにくいため，一般にはそのように表していないだけである．問題例が一つ定まったとき，制約条件を満たしつつ目的関数を最適化するように変数の値を定めると，その問題例が解けたことになる．最小木問題で「変数」に対応するものは木である．一つの木は一つの数値としても表されるが，これも把握しやすいよう図形としての木で考えておいてよい．

最適化問題において，全ての変数が実数値をとるとは限らない．実際，ネットワークに関するものは整数値など離散的な値をとることが多い．一方，全ての変数が実数値をとり，制約条件や目的関数が一次式（線形式）で表されるものもある．そのような最適化問題を**線形計画問題**（linear programming problem）という．次に例を挙げる．

$$
\begin{array}{ll}
\text{最 大 化} & z = 2x_1 + 3x_2 \\
\text{制約条件} & x_1 + x_2 \leqq 4, \quad x_1 + 2x_2 \leqq 6, \quad x_1 + 2x_2 \geqq 2 \\
 & x_1 \geqq 0, \quad x_2 \geqq 0
\end{array}
$$

この問題例は，制約条件に挙げられている全ての一次不等式を満たしつつ，目的関数である一次式 $z = 2x_1 + 3x_2$ を最大化するように，実数値をとる変数 x_1, x_2 の値を決定するというものである．

変数は実数値をとるが，制約条件や目的関数に二次式や対数関数など一次式以外の関数が含まれているような最適化問題を**非線形計画問題**（nonlinear programming problem）という．変数が実数値をとるような最適化問題は**連続最適化問題**といわれ，離散値をとるものは**離散最適化問題**といわれる．実数値をとる変数と離散値をとる変数が両方含まれている問題もある．このようにさまざまな種類の最適化問題があるが，本書では主に離散最適化問題として定式化されるものを扱う．

なお，これまで最適化問題について述べてきたが，特に目的関数がなく，制約条件を満たす解が存在するか否かを問うというタイプの問題もある．このような問題のことを**決定問題**（decision problem）という．多くの場合は，最適化問題としても決定問題としても定式化できる．例えば，最小木問題の決定問題としての定式化は次のようになる．

最小木問題（決定問題版）

入　力：ネットワーク $N = (G, w)$，正の実数値 W

出　力：重み W 以下の G の全域木 T が存在するなら yes，さもなければ no

制約条件は，「T は重み W 以下の G の全域木」というものであるが，冗長にならないよう，通常，出力の箇所にまとめて記述する．

1.2.2　アルゴリズムと計算量

一般には，最適化問題を解くための簡単な公式のようなものはなく，個々の最適化問題に対してそれを解くための**アルゴリズム**（algorithm）が必要である．アルゴリズムとは，四則演算・論理演算や，データの読出し・書込みなどの基本操作を，条件判定や繰返しと組み合わせた一連の処理手順であって，有限回の基本操作の実行のあと停止するものをいう．アルゴリズムを C 言語などのプログラミング言語で記述すれば，コンピュータ上で実行することができるため，プログラムを抽象化したものと捉えてもよい．

ある問題を解くアルゴリズムというものは，その問題のどのような問題例が入力されても必ず有限ステップの計算で正しい解を出力するものでなければならない．例えば，最小木問題に対するアルゴリズムは，どのようなネットワークが入力されても必ず有限ステップの計算で最小木を出力しなければならない．

ある最適化問題を解くアルゴリズムは一般に多数存在する．最適解になりうるものをすべて列挙して一つ一つ調べるというものも最適解を求めるアルゴリズムであるが，このような方法は効率が悪く，問題の規模が大きくなると，たとえ高性能なコンピュータを用いても現実的な時間では解けない．そのため，同じ最適化問題を解くアルゴリズムであっても，効率的に最適解を得られるもののほうが望ましい．つまり，最適化問題に対して，効率的なアルゴリズムを設計することがたいへん重要である．

アルゴリズムの効率性を測る評価尺度として**計算量**（computational complexity）がある．これは，アルゴリズムが停止するまでのステップ数を，問題例の入力サイズの関数として表したものである．問題例の入力サイズとは，問題例を記述するために必要なデータ量のことである．

例えば最小木問題では，グラフと各辺重みが入力データであるが，これを記述するためには，各頂点の番号，各辺番号とそれぞれの二つの端点の番号（つまり各辺ごとに三つの番号を記録する必要），各辺の重みのデータが必要である．番号や重みを表す数値を一つ格納するために必要なメモリ上のサイズを c〔Byte〕，頂点数を n，辺数を m としたとき，メモリは $c \cdot (n+3m+m)$〔Byte〕を必要とする．これが最小木問題の問題例の入力サイズである．

入力サイズが大きくなると，最適解を得るまでのステップ数は一般に増加する．計算量は，入力サイズの増加に対するステップ数の変化を意味する．ステップ数は計算時間に対応するため，計算量とは，入力サイズの増加に対して計算時間がどのように増加していくか，その傾向を表すものであるといえる．したがって，計算量は入力サイズに関する増加関数として表される．この関数は通常，**オーダ**（order）表記される．オーダの直感的な意味は，定数倍や定数の違いは無視し，入力サイズに対してどういう関数でその手間が表されるかを表す．厳密には以下のようになる．

ある関数 $f(n)$ が関数 $g(n)$ のオーダであるとは，全ての $n \geq n_0$ に対して $f(n) \leq c \cdot g(n)$ が成り立つような正の定数 c と n_0 が存在するという意味である．これを $f(n) = O(g(n))$ と表記する．例えば，n^2，$100n^2$，$3n^2+10n+100$ などはすべて $O(n^2)$ である．なお，オーダ表記する際には，最も簡単な関数を用いるものとする．少し奇妙に感じるかもしれないが，$O(n)+O(n)=O(n)$ である．確かに $O(n)+O(n)=O(2n)$ ではあるが，これはオーダとしては $O(n)$ と同じだからである．増加傾向がどのような関数形に従うかということが本質的であり，それを見極めようというのが計算量の考え方である．なお，計算量が入力サイズには依存しないとき，計算量は**定数オーダ**（constant order）といい，$O(1)$ と表す．この場合も $O(1)+O(1)=O(1)$ である．

アルゴリズムの効率性を計算時間そのもので測らない理由は，計算時間はコンピュータの性能やオペレーティングシステムなどによって変わるので，絶対的な評価尺度として使えないからである．一方，入力サイズの増加に対する計算時間（基本操作のステップ数）の増加傾向は，コンピュータの性能などには基本的に依存しないため，これをアルゴリズム効率性の評価尺度とするのである．また，入力サイズがとても小さいときは，どのようなアルゴリズムを用いても計算時間に大差はないが，入力サイズが十分大きくなってくると，差は顕著に目立ってくる．計算量をオーダ表記するのは，入力サイズが大きくなってきたときの増加傾向を見るためでもある．

次に，無向グラフ $G=(V,E)$（ただし，$V=\{v_1,v_2,\cdots,v_n\}$）が与えられたとき，G の最大次数の頂点を見つけるという最適化問題を例として考えてみよう．グラフ G に関するデータのメモリへの格納の方法にも依存するが，ここでは頂点 v_i $(\in V)$ の次数 d_i の値は，既に配列 `deg[i]` に格納されて与えられているものとしよう．つまり，これが入力データである．配列の一つの要素を格納するメモリ上のサイズ c〔Byte〕が決まっているので，$c\cdot n$〔Byte〕が入力サイズではあるが，c はプログラムごとに変化するようなものではないないため，定数とみなしてもよいだろう．入力されるグラフの頂点数 n の増加に比例して入力サイズが増加するということが本質的であるため，定数倍は無視して，入力サイズは $O(n)$ である．

ここで，アルゴリズムを 2 種類考える．一つは，頂点 v_1 の次数とそれ以外の頂点の次数をすべて比較，次に頂点 v_2 の次数とそれ以外の頂点の次数をすべて比較ということを繰り返し，ほかの全ての頂点の次数以上であるような頂点が見つかればそれを最大次数の頂点として出力するというものである（**Algorithm 1**）．明らかに効率は悪そうである．

もう一つは，暫定最大次数を記録する変数 `maxdeg`（初期値 `deg[1]`）を用意し，頂

Algorithm 1：二重ループアルゴリズム

```
  Input: 無向グラフ G = (V, E) の次数データを格納する配列 deg[]
  Output: 最大次数 maxdeg とその頂点 v_max
1 for 全ての v_i(∈ V) do
2   k ← 1
3   for 全ての v_j(∈ V) do
4     if deg[i] < deg[j] then
5       k ← 0
6   if k = 1 then
7     v_max ← v_i, maxdeg←deg[i]
8 return v_max, maxdeg
```

点 v_1 から始めて，各頂点の次数が maxdeg の値を上回ったら，その次数で maxdeg の値を更新するということを繰り返すというものである（**Algorithm 2**）．

両方のアルゴリズムを正確に記述してみよう．

Algorithm 2：一重ループアルゴリズム

```
  Input: 無向グラフ G = (V, E) の次数データを格納する配列 deg[]
  Output: 最大次数 maxdeg とその頂点 v_max
1 maxdeg←deg[1]
2 for 全ての v_i(∈ V) do
3   if deg[i]≧maxdeg then
4     maxdeg ← deg[i]
5     v_max ← v_i
6 return v_max, maxdeg
```

これらのアルゴリズムの計算量を求めてみよう．1 回の大小比較，代入，出力はいずれも基本操作 1 ステップで実行できるとし，基本操作のステップ数を数える．入力サイズが $O(n)$ であるような任意の入力に対して，必要なステップ数の最大値を数えることにしよう．一般に，グラフによって必要なステップ数は異なるが，頂点数が n のどのようなグラフが入力されてもこのステップ数を超えることはない．

まず，二重ループアルゴリズムの計算量を見積もろう．内側の for ループで，大小比較が n 回，代入が n 回行われるので，基本操作は $2n$ ステップである．外側の for ループでは，n 回の代入操作に加えて，$k=1$ か否かの判定と $k=1$ の場合（これは全体で 1 回限り）の代入が 2 回行われるので，$n+n+2=2n+2$ ステップの基本操作がある．外側の for ループ 1 回の中で内側の for ループで $2n$ ステップ実行されるので，内側の for ループで必要な基本操作は全体で $n \cdot 2n = 2n^2$ ステップである．最後の出力で 2 ステップかかるので，基本操作は合計で $2n^2+(2n+2)+2$ ステップであり，オーダ表記すると $O(n^2)$ である．

次に，一重ループアルゴリズムの計算量を見積もろう．最初の代入で 1 ステップ，for ループ内は大小比較 1 回，代入が必要な場合はそれが 2 回なので，for ループ部分で高々 $3 \cdot n = 3n$ ステップである．全体で $3n+1+2$ なので，オーダ表記では $O(n)$ である．

二重ループアルゴリズムの計算量は $O(n^2)$，つまり n に関する二次関数であり，一重ループアルゴリズムの計算量は $O(n)$，つまり n に関する一次関数となっている．二次関数のほうが一次関数よりも速く増加していくため，これが意味することは，入力サイズ，つまりこの場合はグラフの頂点数が増加していくとき，二重ループアルゴリズムのほうが計算時間が速く増大していくということである．逆にいえば，一重ループアルゴリズムのほうが，入力サイズが大きくなっても計算時間の増加は緩やかであるため，より大きなグラフに対してもより短い時間で解を求めることができるということである．

この例からもわかるように，計算量を表す関数の形が重要である．入力サイズ n に対して増加速度の小さな関数形のほうが効率が良いといえる．例えば，$O(n^{10})$ より $O(n^2)$ のほうが効率的である．また，$O(2^n)$ であれば，n の増加に対して急速に増大していくため，効率は悪いといえるだろう．計算量においては，n^2+2n+3 や n のような，いわゆる多項式関数におけるべき指数の違いよりも，多項式関数か指数関数かの違いが本質的であるため，ここで大きく区別する．あるアルゴリズムの計算量が入力サイズに関する多項式関数で表されるとき，そのアルゴリズムの計算量は**多項式オーダ**（polynomial order），または**多項式時間アルゴリズム**（polynomial–time algorithm）という．

一方，計算量が入力サイズに関する指数関数で表されるとき，そのアルゴリズムの計算量は**指数オーダ**（exponential order），または**指数時間アルゴリズム**（exponential–time algorithm）という．多項式時間アルゴリズムであれば，大規模な入力サイズのものであっても高速に解ける可能性が高い．

どのような最適化問題に対しても多項式時間アルゴリズムが設計できるのであればよいが，残念ながらそうとは限らない．そこで，ある最適化問題の本質的な難しさを，それを解く多項式時間アルゴリズムが存在するか否かで測ろうとすることは妥当であろう．もし，その最適化問題が**NP 困難**（NP–hard）であることが証明できれば，その問題に対して多項式時間アルゴリズムは存在しないと予想されている（詳しくはコラム（p.30）を参照）．

なお，特に決定問題に関して，NP 完全という概念もある．ある問題が NP に属するとは，解候補が与えられれば解かどうか（つまり制約条件を満たすかどうか）を多項式時間アルゴリズムで判定できることをいう．ある問題が NP 困難かつ NP に属するとき，**NP 完全**（NP complete）という．ある決定問題が NP 完全であることが証明されれば，やはり多項式時間アルゴリズムの存在は期待できない．

ある最適化問題が多項式オーダの計算量で解ける場合は，その決定問題としての定式化版も多項式オーダの計算量で解ける．目的関数が離散値をとるようなものの場合は，逆も成り立つ場合も多い．この場合，多項式オーダの計算量で解けるという意味で最適化問題版と決定問題版は等価であるため，アルゴリズム設計は扱いやすいほうに対して行えば十分である．

最適化問題や決定問題を扱う場合の一般的な流れとしては次のようになる．まず，多項式時間アルゴリズムが設計できるかどうか考え，それがうまくできそうになければ，NP 困難もしくは NP 完全かどうかを調べる．NP 困難あるいは NP 完全ならば，多項式時間アルゴリズムの存在は期待できないため，**近似アルゴリズム**（approximation algorithm）や**ヒューリスティックアルゴリズ**

ム（heurithtic algorithm）を検討することになる．近似アルゴリズムとは，最適解とは限らないが，それとの差や比の上限が理論的に抑えられる近似解を出力するアルゴリズムのことである．ヒューリスティックアルゴリズムとは，理論的な性能保証はないが，経験的にうまくいきそうだと思われる動作を組み込んで，それなりの性能をあげることを目指すアルゴリズムである．複雑な問題に対しては，ヒューリスティックアルゴリズムしか知られていないものも少なくない．

個々の問題ごとに専用のヒューリスティックアルゴリズムが設計されることもあるが，近年では**メタヒューリスティックス**（meta-heuristics）と呼ばれる汎用的に有効なアルゴリズムの枠組みもある．解の近傍を探索して改善を繰り返していく**局所探索法**（local search）や，一度探索した解は探索しないようにして探索効率を上げる**タブーサーチ**（tabu search），解が改悪する方向への探索も確率的に許容してより良い解を探索しようとする**シミュレーティッドアニーリング**（simulated annealing），生物の進化の過程を模倣して解集合（遺伝子プール）全体を「交差」や「突然変異」により改善することを繰り返す**遺伝アルゴリズム**（genetic algorithm）などさまざまなものが提案されている．

なお，NP 困難な最適化問題や NP 完全な決定問題に対しては多項式時間アルゴリズムの存在が期待できないが，計算量が指数関数で表されるようなアルゴリズムであればさまざまなものが設計できる．一般に，そのようなアルゴリズムでは計算時間がかかりすぎて使い物にならないことが多いが，うまく工夫すれば現実的な規模の入力サイズであっても実用的な計算時間で解けるようにできることもある．そのようなものの一つとして，**BDD**（Binary Decision Diagram）や **ZDD**（Zero-suppressed BDD）に関する研究が，ここ近年急速に発展している．これらは，膨大なデータ量を実に巧妙にコンパクトに圧縮して索引化することによって大幅な効率化を図るものである．これらは 4〜6 章で詳しく紹介する．

1.2.3　グラフのデータ構造

アルゴリズムを実行する上で，データ集合の扱い方は計算量に直接的に影響するため，たいへん重要である．そのため数多くの**データ構造**（data structure）が存在するが，ここではグラフを表現するためのデータ構造を紹介する．

データの集合において，要素が一列に順に並べられたものを**リスト**（list）という．プログラミング言語では，配列やポインタを用いた連結リストで実装される．リストに対しては，要素の参照・挿入・削除の操作が行われる．リストにおいて要素の挿入や削除が常に先頭から行われるものを**スタック**（stack），もしくは**LIFO**（**Last–In–First–Out**）という．要素をスタックの先頭に挿入することを特に**push**といい，先頭の要素を取り出して削除することを**pop**という．スタックのイメージとしては，書類を常に一番上に載せて山のように積み上げていき，書類を取り出すときは一番上から行うというものである．スタックへのpushもpopもリストの先頭の位置を参照すれば実行できるので，定数オーダの計算量で実行できる．

一方，リストにおいて要素の挿入が常に最後尾に行われ，削除は常に先頭から行われるものを**キュー**（**待ち行列**：queue），あるいは**FIFO**（**First–In–First–Out**）という．待ち行列のイメージとしては，窓口が一つのチケット売り場に一列に並んで先頭の人から一人ずつ順にチケットを購入するというものである．到着した人は列の最後尾に並ぶ．待ち行列への挿入はリストの最後尾の位置を参照すれば実行でき，削除もリストの先頭の位置を参照すれば実行できるので，ともに定数オーダの計算量で実行できる．

無向グラフまたは有向グラフを表現するためのデータ構造として，**接続行列**（incidence matrix）と**隣接行列**（adjacency matrix）がある．接続行列の各行は頂点，各列は辺に対応する．無向グラフでは，頂点 v が辺 e の端点であるとき，行列の (v,e) 要素が 1，さもなければ 0 とする．有向グラフでは向きを考慮するため，頂点 v と有向辺 $e=(v,w)$ に対して，行列の (v,e) 要素が 1，(w,e) 要素は -1，それ以外は 0 とする．

隣接行列では，行も列も頂点に対応し，無向グラフの場合は辺 (v,w) に対し

て (v, w) 要素も (w, v) 要素もともに 1 である．有向グラフの場合は，有向辺 (v, w) に対して (v, w) 要素のみが 1 である．頂点数 n，辺数 m のグラフに対して，接続行列は $n \times m$ 行列なので入力サイズは $O(nm)$，隣接行列は $n \times n$ 行列なので入力サイズは $O(n^2)$ である．

なお，辺数 m が頂点数 n のオーダ $m = O(n)$ であれば**疎なグラフ**（sparse graph）といい，$m = O(n^2)$ であれば**密なグラフ**（dense graph）という．木の辺数は $n-1$ であり，これは $O(n)$ であるため疎なグラフである．一方，完全グラフの辺数は $n(n-1)/2$ であり，これは $O(n^2)$ であるため密なグラフである．接続行列や隣接行列は密なグラフを表すのに適しているが，疎なグラフの場合は行列の要素に 0 が多くなってしまうために無駄が多い．

疎なグラフに適したデータ構造として，**隣接リスト**（adjacency list）というものがある．これは，頂点番号を並べた配列の要素それぞれから，頂点に隣接している頂点番号のリストをつなげたものである．C 言語であれば，配列とポインタを用いたリストを用いて作ることができる．

図 1.10 に上記のデータ構造の例を挙げる．図 (a) の無向グラフの場合，一つの辺はその二つの端点それぞれのリストに登場するので，リスト全体では $2m$ 個の辺をデータを格納できるサイズが必要である．したがって，入力サイズは，n 個の頂点を格納する配列のサイズと $2m$ 個の辺の格納できるサイズが必要なので，$n+2m$ 個のデータを格納できるサイズが入力サイズとなる．これはオーダ表記では $O(n+m)$ である．

図 (b) の有向グラフの場合は，一つの辺のデータは一つのリストにしか登場しないので，リスト全体では m 個の辺のデータが格納できればよい．オーダ表記すると $O(m)$ である．配列のサイズと合わせて，全体では，$O(n)+O(m) = O(n+m)$ である．

無向グラフと有向グラフの入力サイズは，オーダ表記では同じであることに注意しよう．使用するメモリ領域は無向グラフのほうが多いが，注目すべきは絶対的な量の差ではなく，グラフの大きさの増加，つまり頂点数や辺数の増加に対して，必要なサイズがどのように増加するかということである．その傾向

	a	b	c	d	e	f
1	1	1	0	0	1	0
2	1	0	1	0	0	0
3	0	1	0	1	0	0
4	0	0	1	1	1	1
5	0	0	0	0	0	1

接続行列

	a	b	c	d	e	f
1	1	1	0	0	−1	0
2	−1	0	1	0	0	0
3	0	−1	0	−1	0	0
4	0	0	−1	1	1	1
5	0	0	0	0	0	−1

接続行列

	1	2	3	4	5
1	0	1	1	1	0
2	1	0	0	1	0
3	1	0	0	1	0
4	1	1	1	0	1
5	0	0	0	1	0

隣接行列

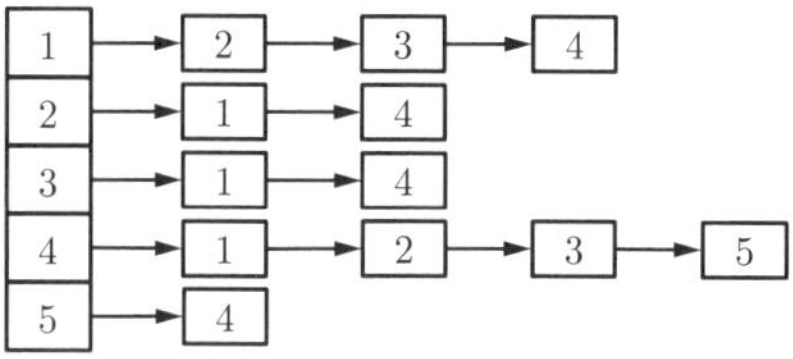

	1	2	3	4	5
1	0	1	1	0	0
2	0	0	0	1	0
3	0	0	0	0	0
4	1	0	1	0	1
5	0	0	0	0	0

隣接行列

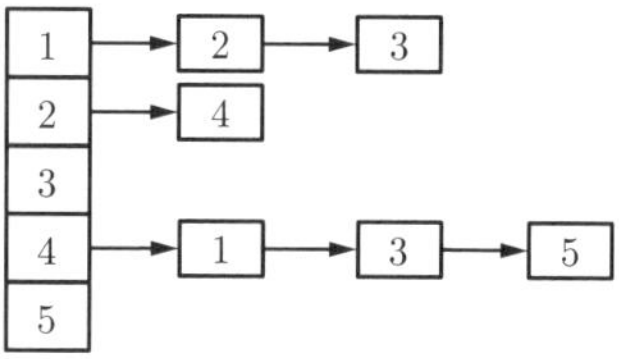

隣接リスト

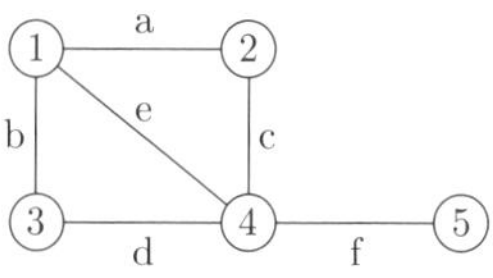

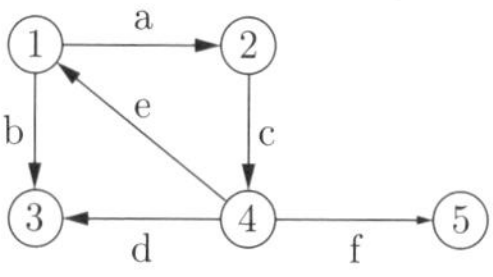

隣接リスト

(a) 無向グラフ

(b) 有向グラフ

図 **1.10** 無向グラフと有向グラフのデータ構造の例（接続行列，隣接行列，隣接リスト）

はともに一次式で表されるということが本質的である．隣接リストでは，無向グラフも有向グラフも入力サイズは $O(n+m)$ であるが，疎なグラフであれば，$m=O(n)$ であるため，サイズが $O(n+m)=O(n+n)=O(n)$ となり，行列を用いたデータ構造に比べて無駄が少ない．対象とするグラフが疎なものに限定されているならば，隣接行列を使うと入力サイズは $O(n^2)$ なので，グラフの頂点数の増加に対して二次関数で増加するが，隣接リストを使うと $O(n)$ なので一次関数でしか増加しない．対象に応じて適切なデータ構造を利用すると，より大きなサイズの問題も扱えるようになる．

1.2.4　グラフの探索アルゴリズム

与えられたグラフの全ての頂点と辺をたどることをグラフの探索という．

深さ優先探索（Depth–First Search：DFS）は，グラフ上のある点 v に探索を進めたとき，まだ未探索の辺が v に接続していればその辺を進み，未探索の辺がなければ，v に最初に到達した辺を後戻りするという動作を繰り返すものである．探索した辺の集合は木となり，辺を探索する方向も考慮して有向辺と考えると，有向木（出木）を作る．これを DFS の**探索木**（search tree）という．グラフの信頼性に関わる構造を調べる際などに深さ優先探索アルゴリズム（**Algorithm 3**）が使われる．

Algorithm 3：深さ優先探索アルゴリズム

Input: 連結無向グラフ $G=(V,E)$ $(|V|=n,|E|=m)$，探索の始点 v_0
Output: 深さ優先探索による頂点の訪問順序 num，探索木 T

```
1  v ← v0, T ← ∅ スタック S ← ∅, k ← 0, v を探索済とする
2  スタック S に {v} を push
3  while S ≠ ∅ do
4  |   スタック S に pop を実行し，頂点 v を取り出す
5  |   k ← k + 1, num(v) ← k
6  |   for v に隣接する全ての頂点 w do
7  |   |   if w が未探索 then
8  |   |   |   w を探索済とする
9  |   |   |   T ← Tv{(v, w)}
10 |   |   |   スタック S に {w} を push
11 return num, T
```

グラフの探索には，**幅優先探索**（Breadth–First Search：BFS）というものもある．これは探索の始点に近い頂点から漏れなく訪問するというものである．

これも探索した辺の集合は木となり，有向木（出木）を作る．これを BFS の探索木という．辺の重みが全て 1 の場合の最短路は幅優先探索アルゴリズム（**Algorithm 4**）で求めることができる．

Algorithm 4 ：幅優先探索アルゴリズム

Input: 連結無向グラフ $G = (V, E)$ $(|V| = n, |E| = m)$，探索の始点 v_0

Output: 幅優先探索による頂点の訪問順序 num，探索木 T

1 $v \leftarrow v_0$，$T \leftarrow \emptyset$ 待ち行列 $Q \leftarrow \emptyset$，$k \leftarrow 0$，v を探索済とする
2 待ち行列 Q に $\{v\}$ を挿入
3 **while** $Q \neq \emptyset$ **do**
4 　待ち行列 Q から v を取り出す
5 　$k \leftarrow k + 1$，$num(v) \leftarrow k$
6 　**for** v **に隣接する全ての頂点** w **do**
7 　　**if** w **が未探索 then**
8 　　　w を探索済とする
9 　　　$T \leftarrow Tv\{(v, w)\}$
10 　　　待ち行列 Q に $\{w\}$ を挿入
11 **return** num，T

図 1.11 に，深さ優先探索と幅優先探索の例を挙げる．頂点に記された番号は訪問順序を表し，太線の矢印がそれぞれの探索木を表している．

深さ優先探索アルゴリズムの計算量を考えてみよう．まず，v, S, k のデータの初期化，v の属性の探索済への変更，スタック S への push や pop のような操作は，入力サイズを表す変数 n, m には依存しない基本操作なので定数オーダ $O(1)$ である．while ループに入るまでに 5 回の定数オーダの処理があり，$5 \times O(1)$ ではあるが，これは $O(1)$ に等しい．これらの実行回数がアルゴリズム全体で n, m に依存していないことに注意しよう．while ループ，for ループ処理の内部における操作も，代入や属性変更，スタックからの pop の部分はそれぞれ定数オーダである．しかし，それらが実行される回数は n, m に依存している．それを見積もってみよう．

未探索の頂点は S に必ず一度だけ入り，その後削除されるため，while ループ

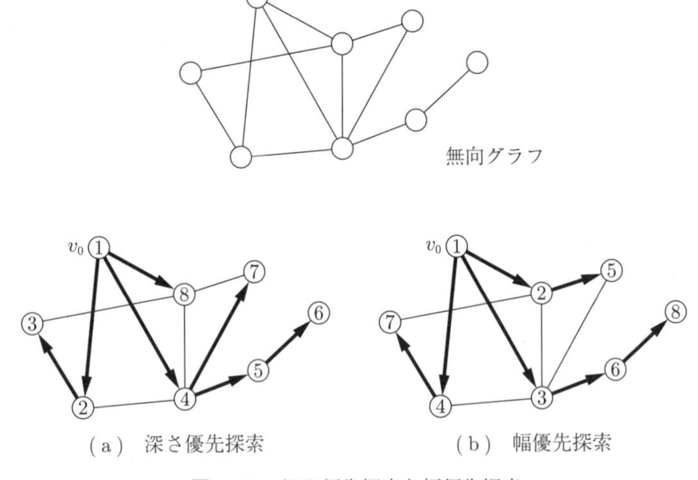

（a） 深さ優先探索　　（b） 幅優先探索

図 1.11　深さ優先探索と幅優先探索

は n 回実行される．for ループは実行される場合とされない場合があるが，実行される回数はアルゴリズム全体で $2m$ 回である．なぜなら，各頂点において隣接する頂点が未探索かどうかが調査されるため，その頂点の次数の回数だけその調査が行われ，全体では次数の総和，つまり $2m$ 回調査されるからである．1 回の調査はメモリ参照なので基本操作と考えてよく，定数オーダである．結局，while ループにおける 4 行目と 5 行目の定数オーダの計算量の処理は n 回実行されるので，この部分は合計で $O(n)$ の計算量であり，for ループ内部の 7,8,9 行目の定数オーダの計算量の処理は $2m$ 回実行されるので，この部分は合計で $O(m)$ の計算量である．

アルゴリズム全体では，1, 2 行目の定数オーダの計算量の処理と合わせて

$$O(1) + O(n) + O(m) = O(n + m)$$

となる．これが意味することは，入力のグラフの頂点数と辺数の増加に線形的に比例して計算時間（基本操作ステップ数）が増加するということであり，二次関数や指数関数ではないということである．

なお，グラフの探索において，頂点番号などのデータを得たり，接続している辺をたどるために辺を調べるたりする際には，グラフのデータ構造を参照す

るため，データ構造によって計算量は変わるように思えるかもしれない．例えば，隣接行列では，頂点や辺は $O(1)$ で参照できる．隣接リストでは，頂点の参照は $O(1)$ で可能であり，その頂点に接続する辺を参照する際は，リストをたどっていかなければならないが高々その頂点の次数の回数の参照回数であるため，$O(m)$ で済む．したがって，上記の $O(n+m)$ よりも計算量が大きくなることはなく，結果として $O(n+m)$ の計算量で実行できる．もちろん基本操作ステップ数自体には差異はあるが，入力サイズの増加に対する基本操作ステップ数の増加傾向が同じオーダという意味であることに注意しておいてほしい．

幅優先探索においても同様に考えることにより，計算量は $O(n+m)$ であることがわかる．

1.2.5 動的計画法

特に離散最適化問題に対するアルゴリズムは，問題ごとに個別に設計されることが多い．しかし，**最適性原理**（principle of optimality）というものが成り立つ問題の場合は，**動的計画法**（Dynamic Programming：DP）という手法を適用できることがある．

最適性原理とは，「全体が最適化されたときは，その部分も最適化されている」ということであり，動的計画法とは，この原理に基づいて，対象となる問題を部分問題に分割し，それぞれの部分問題の計算結果を記録して利用しながら解くというものである．

例えば，ネットワークにおいて二つの頂点間の最短路を求める問題は最適化問題であるが，最適性原理が成り立っている．実際，頂点 u から頂点 w への最短路 P が頂点 v を経由しているとき，頂点 u と v の間の P の部分経路は u, v の間の最短路でなければならず，頂点 v と w の間の P の部分経路は頂点 v, w の間の最短路でなければならないからである．

簡単な具体例で見てみよう．まず，**部分和問題**（subset sum problem）を定義する．

部分和問題

入　力：$n+1$ 個の正整数 $\{a_0, a_1, \cdots, a_{n-1}, b\}$

出　力：$\displaystyle\sum_{j=0}^{n-1} a_j x_j = b$ を満たす 01 ベクトル $(x_0, x_1, \cdots, x_{n-1})$（各 x_i $(i = 0, 1, \cdots, n-1)$ は 0 か 1 の値をとる）が存在するなら yes，さもなければ no

部分和問題は決定問題である．正整数の集合から選び出した数の和（部分和）が b となるように，うまく選ぶことは可能か否かを問うている．この問題は NP 完全であることが知られているため，多項式オーダの計算量で解くことは期待できない．しかし，多項式時間アルゴリズムではないが，動的計画法により効率よく解くことができる．この場合の最適性原理として注目するのは，$\{a_0, a_1, \cdots, a_k\}$ の部分和が p となるように選び出せるのであれば，$\{a_0, a_1, \cdots, a_{k-1}\}$ の部分和で既に p または $p - a_k$ となるように選び出せていなければならないという点である．前者なら a_k を加える必要はなく $(x_k = 0)$，後者なら a_k を加えて和を p にできる $(x_k = 1)$．どちらでもなければ，そもそも $\{a_0, a_1, \cdots, a_k\}$ の部分和を p とはできない．つまり，$\{a_0, a_1, \cdots, a_{n-1}\}$ 全体から正しく選び出せているのであれば，その一部分 $\{a_0, a_1, \cdots, a_k\}$ からも正しく選び出せていなければならないという「最適性原理」が成り立っている．更に詳しく順を追って見ていこう．

まず，$p = 0, 1, \cdots, b$ に対して，$y_k(p)$ を，$\{a_0, a_1, \cdots, a_k\}$ の部分和が p となるように選び出せるのであれば 1，さもなければ 0 であるような変数とする．この変数の値を順に計算して記録・利用しながら進行する．$\{a_0\}$ の場合は，自明に決まっている．つまり，$y_0(0) = 1$，$y_0(a_0) = 1$，そのほかの p に対しては $y_0(p) = 0$ である．p の値として a_0 か 0 以外はとりようがない．なぜなら，a_0 を選ぶか選ばないかのどちらかしかなく，前者の場合 $(x_0 = 1)$ の部分和は（一つの数値 a_0 だけであるが）は a_0 であり，後者の場合 $(x_0 = 0)$ の部分和は 0 だからである．このようにして $p = 0, 1, \cdots, b$ に対して $y_0(p)$ の値が決まる．

次に，これをもとにして $p=0,1,\cdots,b$ に対して $y_1(p)$ の値が計算できる．$y_1(p)=1$ とできるのは，a_1 を部分和に加えなくても $(x_1=0)$ 既に $y_0(p)=1$ となっているか，あるいは $y_0(p-a_1)=1$ となっているために a_1 を部分和に加えて $(x_1=1)$ 和を p にするかのいずれかの場合しかありえない．$y_0(p)$ $(p=0,1,\cdots,b)$ の値は既に計算済みで記録しているため，$y_1(p)=1$ とできるかどうかの判定はすぐにできる．ほかの p に対しては $y_1(p)=0$ であるため，$y_1(p)$ $(p=0,1,\cdots,b)$ の値が計算できたことになる．

次に，$y_2(p)(p=0,1,\cdots,b)$ の値を同様に計算するということを繰り返していくわけである．このようにして，$p=0,1,\cdots,b, k=0,1,\cdots,n-1$ に対して $y_k(p)$ の値が計算できるため，最終的に $y_{n-1}(b)=1$ なら yes，さもなければ no を出力すればよい．$y_{n-1}(b)=1$ は，$\{a_0,a_1,\cdots,a_{n-1}\}$ の部分和で b とできることを意味しており，$y_{n-1}(b)=0$ はそれが不可能ということを意味しているからである．

$\{a_0=5,a_1=2,a_2=4,a_3=3,a_4=7\}$ から選び出して和を 8 にする例を**図 1.12** に示す．

k	p	0	1	2	3	4	5	6	7	8
0	$y_0(p)$	1	0	0	0	0	1	0	0	0
	x_0	0	−	−	−	−	1	−	−	−
1	$y_1(p)$	1	0	1	0	0	1	0	1	0
	x_1	0	−	1	−	−	0	−	1	−
2	$y_2(p)$	1	0	1	0	1	1	1	1	0
	x_2	0	−	0	−	1	0	1	0	−
3	$y_3(p)$	1	0	1	1	1	1	1	1	1
	x_3	0	−	0	1	0	0, 1	0	0, 1	1
4	$y_4(p)$	1	0	1	1	1	1	1	1	1
	x_4	0	0	0	0	0	0	0	0, 1	0

$\{a_0=5,\ a_1=2,\ a_2=4,\ a_3=3,\ a_4=7\}$ から選び出して和を 8 にする．

図 1.12 部分和問題に対する動的計画法の適用例

まず $k=0$ の行において，$x_0=0$ か $x_0=1$ によって，$y_0(p)$ $(p=0,1,\cdots,8)$ の値がすべて決まる．次は $k=1$ の行において，$y_0(p)=1$ または $y_0(p-a_1)=y_0(p-2)=1$ ならば $y_1(p)=1$ とし，ほかの場合は $y_1(p)=0$ とすることで，$y_1(p)$ $(p=0,1,\cdots,8)$ の値が全て決まる．図の x_1 の行のように，$y_0(p)=1$

ならば，その p の値と $x_1 = 0$ を組にして記録しておき，$y_0(p - a_1) = 1$ ならば，その p の値と $x_1 = 1$ を組にして記録しておく．このようにして計算を進行させる．

解の 01 ベクトルを取り出すには次のようにすればよい．$p = 8$ の列において $x_i = 1$ となっている $i(\leqq 4)$ を探すと $i = 3$，つまり $x_3 = 1$ であることがわかり，$a_3 = 3$ を加えることで和が 8 になったことがわかる．a_3 を加えるより前に和が 5 $(= 8 - 3)$ になっていることを意味するので，$p = 5$ の列において $x_i = 1$ となっている $i(\leqq 2)$ を探すと $i = 0$，つまり $x_0 = 1$ であることがわかり，$a_0 = 5$ を加えることで和が 5 になったことがわかる．結局，$x_0 = x_3 = 1$，つまり $a_0 = 5$ と $a_3 = 3$ を選んだことがわかる．

部分和問題に対する動的計画法のアルゴリズムを **Algotithm 5** に示す．

計算量に関しては，k を固定したとき，$p = 0, 1, \cdots, b$ に対する $y_k(p)$ の計算量は $O(b)$ であり，$k = 0, 1, \cdots, n-1$ のそれぞれに対して $y_k(p)$ $(p = 0, 1, \cdots, b)$ の計算を行うため，全体で $O(nb)$ となる．これは多項式オーダの計算量ではないことに注意しよう．b は入力の数値であるが，そのサイズは $O(\log b)$ である．2 進数で表現したときの桁数を格納できるだけのサイズが確保できれば b という数値を表現するには十分だからである．すると，$b = 2^{\log b}$ であるので，b は入力サイズ $\log b$ の指数関数で表されており，入力サイズの多項式関数では表すことができていない．したがって，多項式時間アルゴリズムではなく，指数時間アルゴリズムである．とはいえ，すべての 01 ベクトルについて調べるというアルゴリズムであれば，計算量は $O(n \cdot 2^n)$ であるため，b が $O(2^n)$ より小さければ，動的計画法のほうが有利である．このように，指数オーダの計算量であっても，うまく工夫すると効率化できる場合も少なくない．

動的計画法に基づくアルゴリズムは多々ある．計算量も指数オーダのものばかりではない．多項式オーダで解ける問題であっても，動的計画法を利用するものもある．例えば，2 章で紹介する最短路問題に対するダイクストラ法，ベルマン・フォード法，ワーシャル・フロイド法は動的計画法の考え方に基づいているアルゴリズムである．また，4〜6 章で紹介する BDD や ZDD に関する

Algorithm 5 ：部分和問題に対する動的計画法のアルゴリズム

Input: $n+1$ 個の正整数 $\{a_0, a_1, \cdots, a_{n-1}, b\}$

Output: $\sum_{j=0}^{n-1} a_j x_j = b$ を満たす 01 ベクトル $(x_0, x_1, \cdots, x_{n-1})$ が存在するなら yes，さもなければ no

```
1  for k = 0 to n − 1 do
2      for p = 0 to b do
3          配列 y[k][p] ← 0
4  y[0][0] ← 1
5  if a_0 ≦ b then
6      y[0][a_0] ← 1
7  for k = 1 to n − 1 do
8      for p = 0 to b do
9          if y[k − 1][p] = 1 then
10             y[k][p] ← 1
11         else
12             if p − a_k ≧ 0 かつ y[k − 1][p − a_k] = 1 then
13                 y[k][p] ← 1
14 if y[n − 1][b] = 1 then
15     return yes
16 else
17     return no
```

アルゴリズムには動的計画法が効果的に用いられている．このように，動的計画法はアルゴリズム設計の上で押さえておくべき重要な概念である．

NP 困難性

ある最適化問題に対して多項式時間アルゴリズムが存在しないと証明することは難しく，直接的な方法はない．しかし，ある問題が NP 困難である，あるいは NP 完全であることを証明すると，「もし，その問題に対して多項式時間アルゴリズムが存在するならば『P=NP』となってしまう」ことがわかっている．ここで P とは多項式時間アルゴリズムが存在する問題の集合であり，NP とは解候補が与えられれば解かどうかを多項式時間アルゴリズムで判定できる問題の集合のことであった．つまり，『P=NP』とは，解そのものを求めることと，与えられた解候補が本当に解かどうかを判定することは同等であることを意味するが，とてもそのようには思えない．解候補が与えられたあとにそれが解かどうか多項式オーダの計算量で判定できるような問題はすべて，解そのものも多項式オーダの計算量で求めることができるといっているわけである．解の判定は高速にできたとしても解を求めるのは時間がかかるような問題もありそうだし，実際，いまだに解を求めるための多項式時間アルゴリズムが得られていない問題は多数ある．

しかし，だからといって『P $\neq$ NP』かというと，実はまったく自明ではなく，計算科学分野の最大の未解決問題「**P $\neq$ NP 問題**（P vs NP problem）」としてたいへん有名なものなのである．未解決ではあるが，『P $\neq$ NP』と予想されている．そのため，ある問題が NP 困難もしくは NP 完全ということが証明できれば，その問題に対して多項式時間アルゴリズムの存在は期待できないということになるのである．

なお，ある問題 L が NP 困難であるとは，「NP に属するすべての問題が L に多項式時間帰着できる」というものである．詳細は専門書に譲るが，NP 困難であることがわかっている問題が解けることと，L が解けることが必要十分であることを証明すれば，L が NP 困難であることが証明できたことになっている．

このような計算量理論に関する議論は，実用的な観点からはあまり意味がないと思われるかもしれない．しかし，現実のアプリケーションにおいて新しい最適化問題を考える必要が生じたとき，それに対して多項式時間アルゴリズムが存在しそうにないにも関わらず，そのようなアルゴリズムを考え続けることは無駄である．逆に，多項式時間アルゴリズムが存在するにも関わらず，最初からそれを考えることを放棄してヒューリスティックアルゴリズムばかりを作っていても非効率である．対象としている問題が NP 困難であるかどうかを最初に調べておくことで，その後の方針が明確になり，有効なアルゴリズム設計に集中できるようになるのである．

章 末 問 題

【1】 頂点数 n，辺数 m の木においては，$m = n - 1$ であることを示せ．

【2】 無向グラフの各頂点の次数の和は辺数の2倍であることを示せ．

【3】 無向グラフの次数を降順に $d_1, d_2, \cdots, d_n$ とする．任意の k $(1 \leqq k \leqq n)$ に対して次の不等式が成り立つことを示せ．

$$\sum_{i=1}^{k} d_i \leqq k(k+1) + \sum_{i=k+1}^{n} \min\{d_i, k\}$$

【4】 グラフのデータ構造として隣接リストを用いることにして，深さ優先探索と幅優先探索のアルゴリズムをそれぞれ適当なプログラミング言語で実装せよ．これはさまざまなところで使えるものとなるだろう．

【5】 次のオーダ表記を簡略化せよ．

(a) $O(n + n\log n) + O(n^2)$

(b) $O(n^{\log n} + n^{10})$

(c) $O(n^2 \sin n) \cdot O(2^n / \log n)$

【6】 ナップザック問題とは，n 個の要素集合 $V = \{1, 2, \cdots, n\}$ の各要素 j に対するサイズ a_j と，価格 c_j，ナップザックのサイズ b としたとき（a_j, c_j, b は全て正整数），ナップザックに入れる要素集合であって，サイズの合計が b を超えないようにしつつ，価格合計が最大であるものを求めよという最適化問題である．動的計画法に基づいてナップザック問題を解くアルゴリズムを設計せよ．

第2章

どのように最適な経路を見つけるのか

ネットワークにおいて，頂点間の経路や最短距離を求めることはよくある．インターネットにおけるデータ転送では一般に最短路が用いられるため，高速に最短路を求めるアルゴリズムが必要である．ネットワークによっては経路を自由に指定できる状況もあるが，その場合であっても，最大限のデータ転送速度が確保できるなど，さまざまな条件を満たす経路を求める必要がある．これらの経路探索はいずれも最適化問題として扱える．

本章では，まずネットワークにおいて重要な最適化問題である，最短路問題・最大フロー問題・最小コストフロー問題について述べる．次に，辺重みを変更して最短路を変えることで負荷分散を図る制御法と，それに関連する最適化問題について述べる．

2.1 最短路問題

ネットワークにおける代表的な最適化問題として，**最短路問題** (shortest path problem) がある．ここで扱うネットワークは，辺に数値が与えられているものを指す．G を連結グラフ $G = (V, E)$ (V は頂点集合，E は辺集合) とし，辺重み関数 w を，各辺 e ($\in E$) に実数値 $w(e)$ を対応させる関数とする．ネットワーク $N = (G, w)$ は，その構造を表すグラフ G と，辺重み関数の組で定義される．このようなネットワークの例として，道路網やインターネットがある．インターネットにおいては，辺に対応する通信リンクにはリンクコストと呼ばれる数値が定義されており，それを辺重みとした最短路が通信経路として用いられている．

ネットワーク $N = (G, w)$ において，頂点 s からほかの全ての頂点への最短路は，s を始点とする一つの全域木 (**最短路木** (shortest path tree)) によってまとめて表すことができる．**図 2.1** にネットワークと最短路木の例を挙げる．最短路木 T の中で頂点 s と頂点 v の間の唯一の経路が，G における頂点 s から頂点 v への最短路である．例えば，図において，頂点 s と頂点 v_5 の間の唯一の経路は (s, v_2, v_4, v_5) であるが，これは頂点 s から頂点 v_5 への最短路でもある．

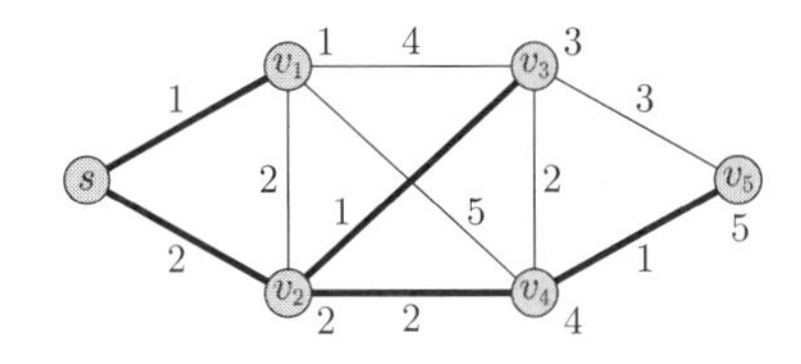

太線は s を始点とする最短路木，辺に添えられた数値は辺重み，頂点に添えられた数値は，始点 s からその頂点までの最短距離

図 2.1　ネットワークと最短路木の例

最短路を求めるためには最短路木を求めることができれば十分である．そのためのアルゴリズムとして，最も有名なものがダイクストラ法である．ダイクストラ法は，最短路問題を解く多項式時間アルゴリズムであり，カーナビなどさまざまなアプリケーションにおいても実際に用いられている．また，辺重みが負の場合も扱えるベルマン・フォード法というアルゴリズム，全頂点対間の最短路を全て同時に求めるワーシャル・フロイド法もある．ここでは，これらのアルゴリズムを紹介しよう．

2.1.1　ダイクストラ法

辺重みが非負の場合には，**ダイクストラ法**（Dijkstra algorithm）というアルゴリズム（**Algorithm 6**）が適用できる．まず，このアルゴリズムの基本的な考え方を述べる．直感的には，「最短路が確定した頂点集合と未確定の頂点集合を考え，未確定の頂点から確定可能なものを一つずつ確定していく」，「探索の途中でより小さい経路長が見つかれば更新する」というものである．

もう少し詳しく述べよう．各頂点 v には，始点 s からの暫定距離 $dist(v)$（初期値は例えば ∞）が与えられているとする．既に最短距離が決まっている頂点の集合 P（初期状態では，始点 s のみを含む）と，まだ決まっていない頂点の集合 $V \setminus P$（V から P の要素を除いた集合）を考える．アルゴリズムの進行と

Algorithm 6 ：ダイクストラ法のアルゴリズム

```
Input: ネットワーク N = (G = (V, E), w) （|V| = n, |E| = m），始点 s ∈ V
Output: 最短路木 T
1  P ← {s}
2  T ← ∅
3  v* ← s
4  dist(s) ← 0
5  for v ∈ V \ {s} do
6      dist(v) ← ∞
7  while V \ P ≠ ∅ do
8      for (v*, v(∈ V \ P)) ∈ E do
9          if dist(v) > dist(v*) + w((v*, v)) then
10             dist(v) ← dist(v*) + w((v*, v))
11             pred(v) ← (v*, v)
12     v* ← dist(v) を最小にする頂点 v(∈ V \ P)
13     P ← P ∪ {v*}
14     T ← T ∪ {pred(v*)}
15 return T
```

ともに $V \setminus P$ の各頂点の暫定距離を更新し，最短距離が確定した頂点 v^* を P に入れる．全ての頂点が P に入れば終了する．ここで，暫定距離の更新は，新たに P に入った頂点 v^* の隣接頂点に関してのみ行えばよく，暫定距離と v^* 経由の最短距離を比較して小さいほうを選んで更新する．v^* としては，$V \setminus P$ の頂点の中で暫定距離が最小のものを選べばよい．それが v^* までの最短距離になっているからである．もしそうでなければ，より短い経路長の s から v^* までの経路が存在することを意味するが，その経路を s からたどってはじめて到達する $V \setminus P$ の頂点 v' の暫定距離 $dist(v')$ が $dist(v^*)$ より小さいことになってしまい，v^* が $V \setminus P$ の頂点の中で暫定距離が最小のものであることに矛盾するからである．

ダイクストラ法の実行例を図 **2.2** に挙げる．

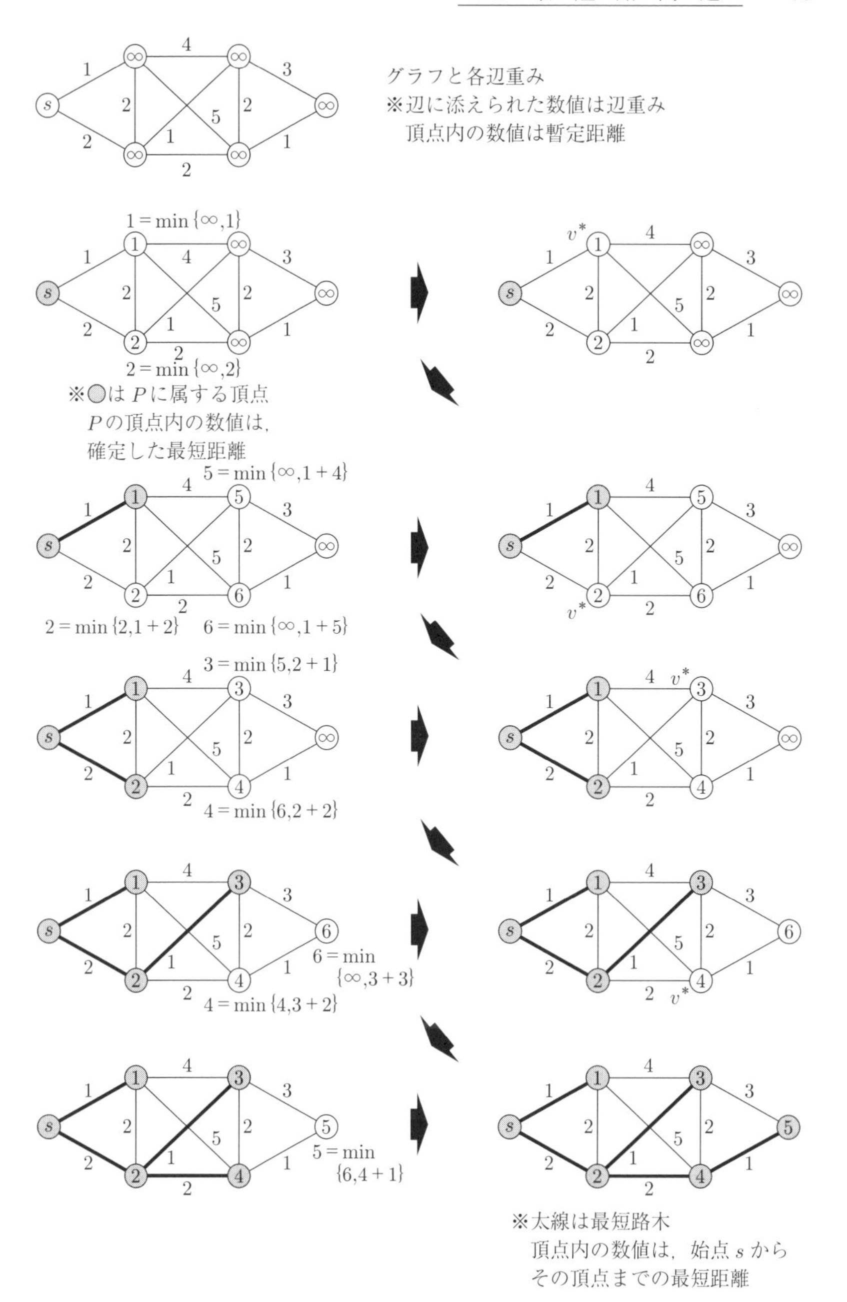

図 **2.2**　ダイクストラ法の実行例

ダイクストラ法の計算量はデータ構造によって変わる．実行途中で $V \setminus P$ の頂点のなかで暫定距離が最小のものを選ぶ箇所があるが，集合のなかから最小値を選ぶために集合の要素全てを調べるという単純な方法だと $O(n^2)$ の計算量となる．しかし，$V \setminus P$ の頂点の暫定距離の集合は各ステップで全てすっかり変わるようなものではないため，適切なデータ構造を使えば効率良く最小値を選ぶことが可能である．ヒープというデータ構造を使うと $O((n+m)\log n)$，フィボナッチヒープというデータ構造を使うと $O(m + n\log n)$ となる．

2.1.2　ベルマン・フォード法

ダイクストラ法が正しく動作するためには各辺重みは非負の実数値に限られているが，負の実数値が含まれる場合でも動作するアルゴリズムとして，**ベルマン・フォード法**（Bellman–Ford algorithm）がある（**Algorithm 7**）．負の重みをもつ辺がある場合，重みが負であるような閉路（負閉路）が存在する可能性もあり，そのような閉路を回ることでいくらでも小さな重みの経路が得られてしまう．ベルマン・フォード法では，もしそのような閉路があれば発見することもできる．

なお，負の重みをもつ辺を考える必要がある場合として，経路の重みを辺重みの積で定義し，その値が最大の経路を求める最適化問題がある．例えば，通貨を頂点，通貨間の直接両替を辺，その為替レートを辺重みとするネットワークを考え，ある通貨からほかの通貨へ複数の通貨を経由して両替する際に最も割の良い両替経路を決定する問題がある．これは，各辺重みをその対数をとって正負の符号を反転したもので置き換えたネットワークにおいて通常の最短路問題を解くことで解が得られる．数値の積の対数は，それぞれの数値の対数の和となっているからである．対数をとると負の値もとりうるため，負の重みをもつ辺を含むネットワークに対するアルゴリズムを用いなければならない．

ベルマン・フォード法の基本的な考え方は，1.2.5 項で述べた動的計画法である．始点 s から頂点 v への最短距離を $dist(v)$ とすると

Algorithm 7：ベルマン・フォード法のアルゴリズム

```
Input: ネットワーク N = (G = (V, E), w) (|V| = n, |E| = m), 始点 s ∈ V
Output: 最短路木 T
1  T ← ∅
2  dist(s) ← 0
3  for v ∈ V \ {s} do
4      dist(v) ← ∞
5  for i = 1 to n − 1 do
6      for (u, v) ∈ E do
7          if dist(v) > dist(u) + w((u, v)) then
8              dist(v) ← dist(u) + w((u, v))
9              pred(v) ← (u, v)        /* pred(v) は，最短路木における
                                           頂点 v の親頂点を指す */
10 for (u, v) ∈ E do
11     if dist(v) > dist(u) + w((u, v)) then
12         return 負閉路が存在
13 for v ∈ V \ {s} do
14     T ← T ∪ {pred(v)}
15 return T
```

$$dist(v) = \min_{(u,v)\in E}\{dist(u) + w((u,v))\} \tag{2.1}$$

が成り立っていなければならないが，これは 1.2.5 項でも説明した，最短路問題において成り立つ最適性原理である．したがって，この式に基づいて $dist$ の値を更新していくと，負の長さの閉路がなければ必ず収束して最短距離が得られる．この考え方に基づく最短路を求めるアルゴリズムをベルマン・フォード法という．

for ループを i 回繰り返したとき，高々 i 本の辺からなる s から v への経路があるならば，$dist(v)$ は高々 i 本の辺からなる s から v への経路の中で最も小さい経路長となっている．これは帰納法で証明できる．証明のポイントを述べよう．ループ回数が $i-1$ の場合にこれが成り立っていると仮定し，i の場合の

経路において v の直前の頂点を u とする．仮定より s から u への $i-1$ 本の辺で構成される経路の中で最も小さい経路長が $dist(u)$ である．i 回目のループにおいて，v に隣接する全ての u に対する $dist(u)+w((u,v))$ と $dist(v)$ の中で最も小さいもので $dist(v)$ を置き換えている．s から v への経路は，v に隣接するいずれかの u を通っているため，高々 i 本の辺しか含んでいない経路のなかで，最も小さい経路長になっている．

i が大きくなるにつれて経路に含まれる辺数は大きくなるが，経路長がより小さいものが見つかるかもしれない．for ループを $n-1$ 回繰り返したとき，含まれる辺数が高々 $n-1$ 本の経路の中で最も小さい経路長が $dist(v)$ ということを意味するが，どのような経路も $n-1$ 本以上の辺を含むことはないため，$dist(v)$ はこれ以上小さくなることはない．したがって，この時点での $dist(v)$ は s から v への経路の最短路の経路長となっている．

ベルマン・フォード法の計算量は $O(nm)$ である．for ループは $n-1$ 回だけ回り，そのループの中での計算量は，暫定距離の更新が全ての辺について行われる可能性があるため，$O(m)$ だからである．

ベルマン・フォード法の実行例を図 **2.3** に挙げる．

なお，ベルマン・フォード法は，分散アルゴリズムによっても実現できる．分散アルゴリズムとは，単一のコンピュータ上で動くのではなく，複数の独立したコンピュータが相互に通信しながらもそれぞれが限定的な情報のみで非同期で同時並列に動くアルゴリズムのことである．分散アルゴリズム版のベルマン・フォード法は次のように動作する．各頂点は自身とほかの頂点との間の暫定距離を計算して保持すると同時に隣接する全頂点にその情報を送る．隣接頂点から情報を受け取るとそれに基づいて暫定距離を再計算する．これを繰り返すと最短距離に収束する．

インターネットのルーティングプロトコルの中には，Routing Information Protocol（RIP）などのように，分散アルゴリズム版のベルマン・フォード法に基づくものもある．ただし，インターネットのような環境では一般にネットワークが変化したり通信障害が生じたりするため，単純なアルゴリズムでは正

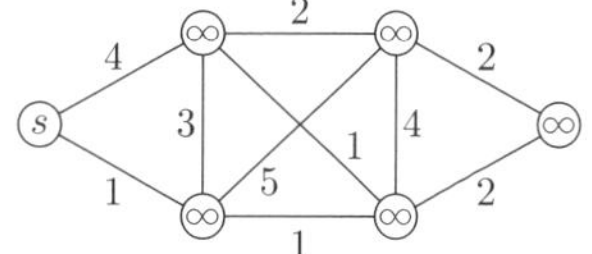

グラフと各辺重み
※辺に添えられた数値は辺重み
頂点内の数値は暫定距離

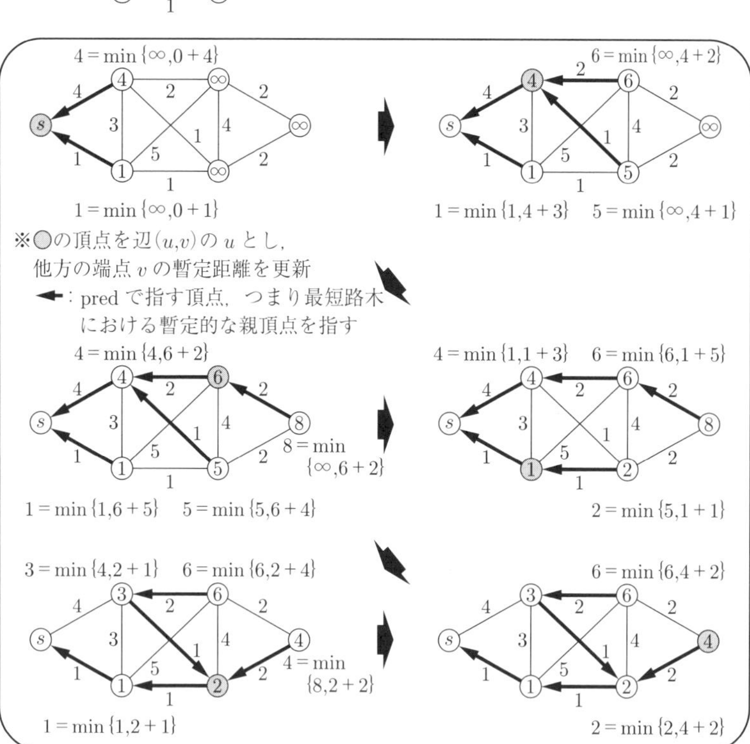

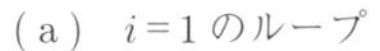

(a)　$i = 1$ のループ

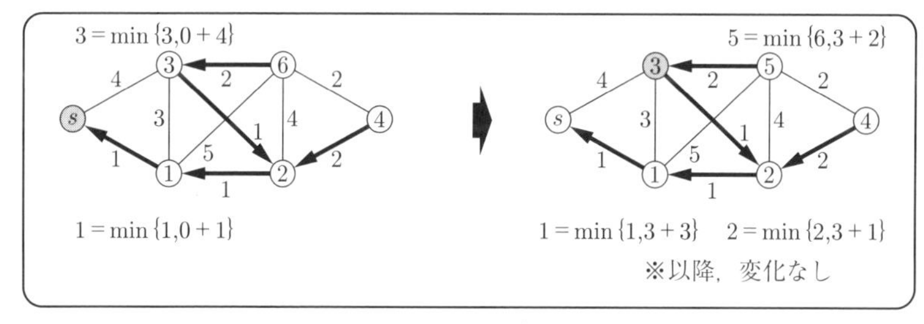

(b)　$i = 2$ のループ(途中まで)

図 2.3　ベルマン・フォード法の実行例

しく動作しない可能性がある．したがって，実際のネットワークに適用する場合には，このような点も考慮しながらアルゴリズムを作らなければならない．

2.1.3　ワーシャル・フロイド法

ダイクストラ法もベルマン・フォード法も，一つの始点からほかの頂点までの最短路を求めるアルゴリズムであるため，全ての 2 頂点間の最短路を求めようとすれば，全ての頂点に対して，それぞれを始点として実行することを繰り返さなければならない．それよりも計算量が削減できるわけではないが，動的計画法の考え方に基づいて全ての 2 頂点間の最短路を求める**ワーシャル・フロイド法**（Warshall–Floyd algorithm）というアルゴリズム（**Algorithm 8**）がある．

Algorithm 8：ワーシャル・フロイド法のアルゴリズム

Input: ネットワーク $N = (G = (V, E), w)$，ただし $V = \{v_1, v_2, \cdots, v_n\}$
　　$(|V| = n, |E| = m)$

Output: 全ての $v_i, v_j \in V$ に対する G における最短路の経路長 $dist(v_i, v_j)$

```
1  for 全ての v_i, v_j ∈ V do
2      if (v_i, v_j) ∈ E then
3          dist(v_i, v_j) ← w((v_i, v_j))
4      else
5          dist(v_i, v_j) ← ∞
6  for k = 1 to n do
7      for v_i ∈ V do
8          for v_j ∈ V do
9              if dist(v_i, v_j) > dist(v_i, v_k) + dist(v_k, v_j) then
10                 dist(v_i, v_j) ← dist(v_i, v_k) + dist(v_k, v_j)
11 return 全ての v_i, v_j ∈ V に対する dist(v_i, v_j)
```

ワーシャル・フロイド法の基本的な考え方を述べる．グラフ $G = (V, E)$ において，頂点集合を $V = \{v_1, v_2, \cdots, v_n\}$ とする．$\{v_1, v_2, \cdots, v_k\} \cup \{v_i, v_j\}$ の頂点のみを通る，v_i, v_j 間の最短路の経路長を $dist_k(v_i, v_j)$ とする．

$\{v_1, v_2, \cdots, v_{k+1}\} \cup \{v_i, v_j\}$ の頂点のみを通る v_i, v_j 間の最短路は，頂点 v_{k+1} を通るか通らないかのいずれかであるが，通らない場合は

$$dist_k(v_i, v_j) = dist_{k+1}(v_i, v_j)$$

である．一方，通る場合は，頂点 v_i から頂点 v_{k+1} までの経路と頂点 v_{k+1} から頂点 v_j までの経路に分割されるので

$$dist_{k+1}(v_i, v_j) = dist_k(v_i, v_{k+1}) + dist_k(v_{k+1}, v_j)$$

である．したがって

$$\begin{aligned} &dist_{k+1}(v_i, v_j) \\ &\quad = \min\{dist_k(v_i, v_j), dist_k(v_i, v_{k+1}) + dist_k(v_{k+1}, v_j)\} \end{aligned} \tag{2.2}$$

を満たしている．これは最適性原理を満たしていることを意味するため，動的計画法に基づくアルゴリズムを作ることができる．k に関するループの中で全ての v_i, v_j に関して式 (2.2) を満たすように更新すると $dist_k(v_i, v_j)$ が得られるが，k が n まで至ると，グラフの頂点の全てを使う v_i, v_j 間の経路の中での最短路が得られていることを意味し，グラフ G における最短路が得られたことになる．

ワーシャル・フロイド法の計算量は $O(n^3)$ である．for ループが頂点数に関する三重ループになっているからである．

2.2 ネットワークフロー問題

代表的な**ネットワークフロー問題** (network flow problem) として**最大フロー問題**（**最大流問題**）(maximum flow problem) がある．これは，情報ネットワークでいえば，二つの通信ノード間で最大の通信容量が確保できる通信経路を決定する問題に対応する．ほかにもさまざまな応用においてたいへん重要である．本節では，最大フロー問題のほか，必要な通信容量を確保しつつネットワークの総使用量を最小化する問題に対応する最小コストフロー問題，またこれらの拡張である多品種フロー問題，独立経路問題について述べる．

2.2.1 最大フロー問題

ここで扱うネットワークは，G を連結無向グラフあるいは有向グラフ $G=(V,E)$（V は頂点集合，E は辺集合）とし，辺容量関数 c を，各辺 $e(\in E)$ に非負の実数値 $c(e)$ を対応させる関数とする．辺容量は，情報ネットワークでは通信リンク容量に対応するものである．ネットワーク $N=(G,c)$ は，その構造を表すグラフ G と，辺容量関数の組で定義される．

以下では説明を簡単にするために，有向グラフからなるネットワークを考える．無向グラフの場合は，各無向辺 (u,v) を，(u,v) と (v,u) の 2 本の有向辺に置き換えて有向グラフに変換して扱えばよい．

まず，ネットワーク上の**フロー**（flow）を定義する．フローのイメージは，水道管ネットワークにおける水の流れである．分岐点と分岐点の間をつなぐ水道管には，その容量よりも多くは流すことはできず（容量制約），また分岐点においては流入量と流出量は一致していなければならない（フロー保存制約）．正確には，始点 s と終点 t の間のフロー f を，各辺 e $(\in E)$ に非負の実数値 $f(e)$ を対応させる関数であって，次の**フロー保存制約**（flow conservation constraint）と**容量制約**（capacity constraint）を満たすものと定義する．

【フロー保存制約】

$$\sum_{e\in OUT(v)} f(e) - \sum_{e\in IN(v)} f(e) = 0 \qquad (\forall v \in V \setminus \{s,t\}) \tag{2.3}$$

ただし，$OUT(v)$ と $IN(v)$ は，それぞれ，頂点 v からほかの頂点へ接続する有向辺集合，ほかの頂点から頂点 v へ接続する有向辺集合を表す．

【容量制約】

$$0 \leqq f(e) \leqq c(e) \qquad (\forall e \in E) \tag{2.4}$$

情報ネットワークで考えると，フローはノード s からノード t への通信データの流れを表している．辺 e におけるフロー量 $f(e)$ は，通信リンクに流れる単位時間当りのデータ量に対応している．途中の中継ノードでは，入ってきたデータとちょうど同じ量のデータが送出されなければならないが，それがフロー保存制約に対応し，通信リンクで送ることができる単位時間当りの最大データ量（通信リンク容量）が容量制約に対応している．ネットワーク上において

$$|f| = \sum_{e \in OUT(s)} f(e) - \sum_{e \in IN(s)} f(e) \tag{2.5}$$

を f のフロー値という．これは頂点 s からの流出量であり，フロー保存制約から，頂点 t への流入量 $\sum_{e \in IN(t)} f(e) - \sum_{e \in OUT(t)} f(e)$ に等しい．

フロー値 $|f|$ が最大となるようなフロー f を求める最適化問題を**最大フロー問題**（**最大流問題**）という．情報ネットワークでは，二つの通信ノード間で通信できる単位時間当りのデータ量（通信容量）の最大値を求めることに対応する．ここでは，グラフの構造を利用して最大フロー問題を解くアルゴリズムである，フォード（L. R. Ford, Jr.）とファルカーソン（D. R. Fulkerson）による **Ford–Fulkerson** アルゴリズム[22),†]（**Algorithm 9**）について述べる．

Algorithm 9：Ford–Fulkerson アルゴリズム

Input: ネットワーク $N = (G = (V, E), c)$，始点 $s \in V$，終点 $t \in V$

Output: 最大フロー f^*

```
1  for e ∈ E do
2  │  f(e) ← 0
3  while N_f 上に s から t への経路 P が存在する do
4  │  Δ ← min_{e∈P} {c_f(e)}
5  │  for e ∈ P do
6  │  │  if e ∈ E then
7  │  │  │  f(e) ← f(e) + Δ
8  │  │  else if e^r ∈ E then
9  │  │  │  f(e) ← f(e) − Δ
10 return f
```

† 肩付数字は巻末の引用・参考文献番号を表す．

まず，s から t への経路のうち，$f(e) < c(e)$ を満たす有向辺 e のみを用いた経路 P を見つけ，そのような経路がある限り，その経路に沿って可能な限りのフローを追加する．つまり，P 上のフロー $f(e)$ $(\forall e \in P)$ を，$\Delta = \min_{\forall e \in P}\{c(e) - f(e)\}$ だけ増加させ，$f(e) \leftarrow f(e) + \Delta$ $(\forall e \in P)$ と更新する．しかし，この操作をフロー値を増加できなくなるまで繰り返しても最大フローが求まるとは限らない．フローを一部「押し戻す」ことによって，より大きいフロー値にすることが可能であれば，それを実行する．押し戻しも含めてフロー値を増やせる経路が存在する限り，それに沿ってフローの更新を反復するというのが，Ford–Fulkerson アルゴリズムの基本的な考え方である．

もう少し詳細に述べる．有向辺 $e = (u, v)$ に対して $e^r = (v, u)$ と表記することにする．一つのフロー f に対して

$$E_f \overset{\text{def}}{\Longleftrightarrow} \{e : e \in E, f(e) < c(e)\} \cup \{e : e^r \in E, f(e^r) > 0\}$$

とする．

ここで，$\{e : e \in E, f(e) < c(e)\}$ の有向辺を前向き辺，$\{e : e^r \in E, f(e^r) > 0\}$ の有向辺を後向き辺ということにする．更に $c_f(e) = c(e) - f(e)$（e が前向き辺の場合），$c_f(e) = f(e^r)$（e が後向き辺の場合）とする．有向グラフ $G_f = (V, E_f)$ と，その辺容量 $c_f = \{c_f(e) : e \in E_f\}$ の組 $N_f = (G_f, c_f)$ を，フロー f に対する**残余ネットワーク**（residual network）という（**図 2.4**）．ただし，辺容量が 0 の辺は除いて考える．残余ネットワーク N_f は，f に対して，更にあとどれくらい流すことができるかを表していると考えることができる．前向き辺に

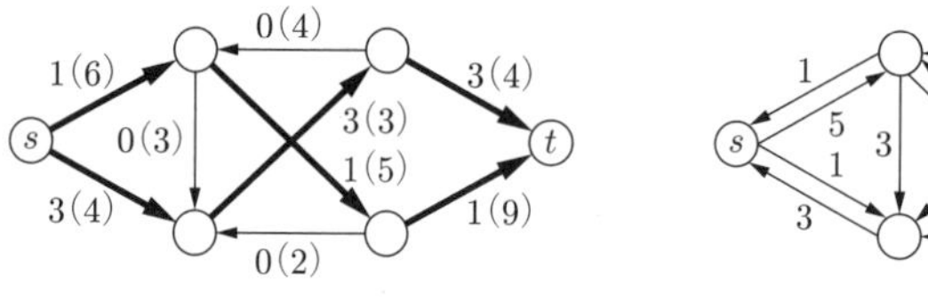

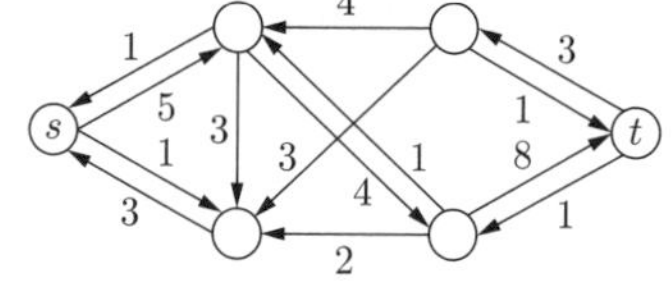

図 2.4　残余ネットワーク

おいては，現在のフローと辺容量の間に差があるので，その差いっぱいまで更に流すことが可能である．後向き辺においては，その有向辺を流れている分まで現在のフローを削減する（押し戻す）ことが可能である．後向き辺のフローを削減しても，ほかの辺に流すことによって，より多くのフロー量が流せるならばそのほうがよい．

残余ネットワークにおいて，始点から終点への有向路を**フロー追加路**（flow augmenting path）という．フロー追加路 P に沿って，$\Delta = \min\{c_f(e) : e \in P\}$ だけフローを追加する．つまり，各辺 $e \in E$ に対して

$$f'(e) = f(e) + \Delta \qquad (e \in P \text{ の場合})$$

$$f'(e) = f(e) - \Delta \qquad (e^r \in P \text{ の場合})$$

$$f'(e) = f(e) \qquad (\text{そのほかの場合})$$

とする．このように更新されたフロー f' のフロー値は，f より Δ だけ増加している．フロー追加路としては，残余ネットワークにおける始点から終点への最短路を選ぶと効率が良いことがわかっている[3),23),24)]．残余ネットワークのフロー追加路に沿ってフローを追加し，フローを更新する．これを反復し，残余ネットワークにフロー追加路が存在しなくなれば停止する．そのとき，頂点のフローのフロー量は最大であることがわかっている．

Ford–Fulkerson アルゴリズムの実行例を図 **2.5** に挙げる．

Ford–Fulkerson アルゴリズムの計算量は，フロー追加路の選び方によって異なる．フロー追加路として，全ての辺重みを 1 とした場合の最短路を選ぶことにすると，多項式オーダの計算量となる[23),24)]．特に，この場合は入力のネットワークの辺容量の値に依存せず，グラフの頂点数と辺数のみに関する多項式オーダの計算量となるが，このようなアルゴリズムを特に**強多項式時間アルゴリズム**（strongly polynomial–time algorithm）という．正確には，計算量が入力データに含まれる変数の個数に関する多項式オーダであり，かつ計算途中で現れる数値の大きさが入力サイズと変数の個数の多項式オーダであることをいう．もし計算量が辺容量の値に依存するならば，同じネットワークでありな

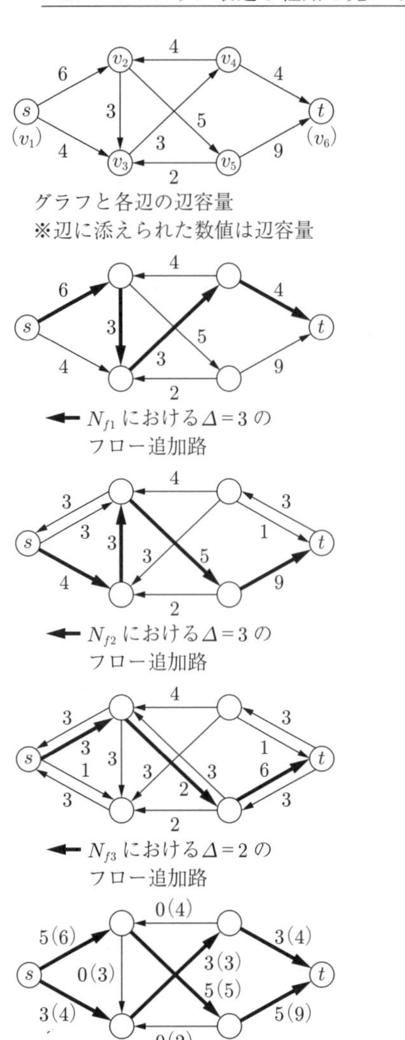

グラフと各辺の辺容量
※辺に添えられた数値は辺容量
← N_{f1} における $\varDelta=3$ の
フロー追加路
← N_{f2} における $\varDelta=3$ の
フロー追加路
← N_{f3} における $\varDelta=2$ の
フロー追加路
← 最大フロー（フロー値は 8）
※ $a(b)$ は，その辺を流れるフローの大きさが a,
辺容量が b であることを意味する

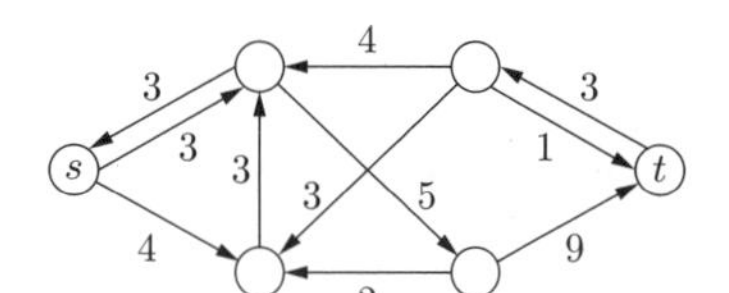

左の残余ネットワーク N_{f1}

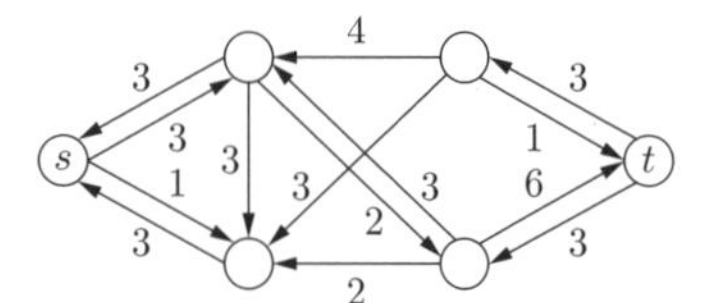

左のフローにより更新されたフローの残余ネットワーク N_{f2}

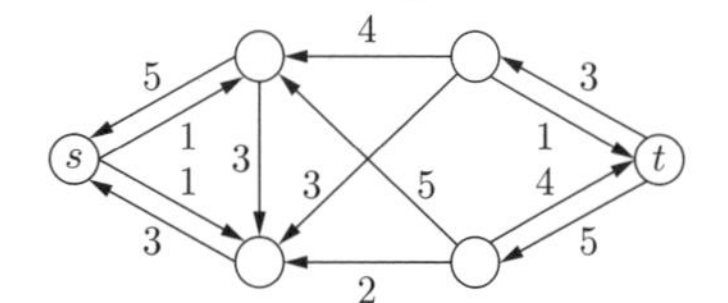

左のフローにより更新されたフローの残余ネットワーク N_{f3}

左のフローにより更新されたフローの残余ネットワーク N_{f4}
フロー追加路がないのでここで終了

図 2.5　Ford–Fulkerson アルゴリズムの実行例

がら，辺容量が異なるだけで計算時間が変わってしまう可能性がある．しかし，強多項式時間アルゴリズムであればそのようなことがない．最大フローアルゴリズムの効率化は更に追及されており，フロー追加路の工夫以外にもさまざまな考え方に基づくアルゴリズムが提案されている[3].

最大フロー問題においては，各有向辺に流れるフロー量を変数としたとき，フロー保存制約，容量制約，フロー値も，全て変数に関する一次式で表されているため，一次不等式（や方程式）の集合を制約条件として一次式を最大化する問題，つまり線形計画問題としても定式化できる．例として，図 2.5 の問題例の場合，辺 (v_i, v_j) を流れるフロー量を表す変数を x_{ij} とすると，次のように定式化できる．

$$
\begin{aligned}
\text{最 大 化：} & z = x_{12} + x_{13} \\
\text{制約条件：} & x_{12} + x_{42} = x_{23} + x_{25}, \quad x_{13} + x_{23} + x_{53} = x_{34} \\
& x_{34} = x_{42} + x_{46}, \quad x_{25} = x_{53} + x_{56} \\
& 0 \leqq x_{12} \leqq 6, \quad 0 \leqq x_{13} \leqq 4, \quad 0 \leqq x_{23} \leqq 3 \\
& 0 \leqq x_{25} \leqq 5, \quad 0 \leqq x_{42} \leqq 4, \quad 0 \leqq x_{34} \leqq 3 \\
& 0 \leqq x_{46} \leqq 4, \quad 0 \leqq x_{53} \leqq 2, \quad 0 \leqq x_{56} \leqq 9
\end{aligned}
$$

実は，線形計画問題は多項式オーダの計算量で解ける[8]（ただし，強多項式時間で解けるかどうかはまだわかっていない）．線形計画問題を解くさまざまなアルゴリズムがあり，実装もされていて，今では多くのソフトウェアが利用できる[25),26]．そのため，線形計画問題として定式化し，線形計画問題を解くソフトウェアを用いて最大フロー問題を解くこともできる．しかし，対象の最適化問題に特化したアルゴリズムのほうが一般に計算量は小さく，実際にも高速に解ける．

2.2.2 最小コストフロー問題

最大フロー問題は，二つの頂点間で流せるフロー値最大のフローを求めるものであるが，フロー値を固定しておき，フローが流れることによって生じるコストを最小化する最小コストフロー問題もよく知られている．情報ネットワークで考えると，二つの通信ノード間で必要な通信容量が決まっているとき，途中の通信リンク総使用量を最小とするような通信経路を決定することに対応する．

ここで扱うネットワークは，G を連結無向グラフあるいは有向グラフ $G = (V, E)$ (V は頂点集合，E は辺集合)，辺容量関数 c に加え，各辺 $e(\in E)$ に非負の実数値 $w(e)$ を対応させる辺重み関数 w からなるネットワーク $N = (G, c, w)$ である．最大フロー問題のときと同様，以下では説明を簡単にするために，有向グラフからなるネットワークを考える．ネットワーク上のフロー f のコストを，$\sum_{e \in E} w(e)f(e)$ と定義する．ここでは，$w(e)$ は辺 e をフローが1流れるときのコストを意味している．ネットワークフロー $N = (G, c, w)$ と，フロー値 d が与えられたとき，フロー値が d であるという制約条件を満たしつつ，コストが最小となるようなフロー f を求める最適化問題を**最小コストフロー問題**（**最小費用流問題**）(minimum cost flow problem) という．

最小コストフロー問題も線形計画問題として定式化できる．実際，フロー保存制約と容量制約に加えて，フロー値が d であるということが制約条件であり，フローのコストが目的関数となる．全て一次式からなっているので，線形計画問題である．

最小コストフロー問題に特化したアルゴリズムとして**負閉路除去法**[27] がある．基本的な考え方は，ある最大フローから始め，フローから得られる残余ネットワークにおいて，負閉路に沿って最大限フローを流すことを繰り返すというものである．残余ネットワークにおいて，前向きの辺重みは元の辺重みと同じ値，後向きの辺重みは，その符号を反転したものとする．この残余ネットワークにおいて，辺重みに関する負閉路を見つける．もし残余ネットワークに負閉路が存在すれば，それに沿って流れるフローが存在し，そのフローのコストは負の値であることを意味している．したがって，元のフローにこのフローを流すことによってフローのコストを削減できる．このとき，閉路に沿ってフローを追加しているので，始点 s から終点 t までの間に流れるフロー値は変化しない．つまり，フロー値を維持したままコストを削減できる．残余ネットワークに負閉路がなくなれば最小コストフローが得られている．なお，負閉路を求めるためにはベルマン・フォード法などを用いればよい．負閉路除去法の実行例を図 **2.6** に挙げる．

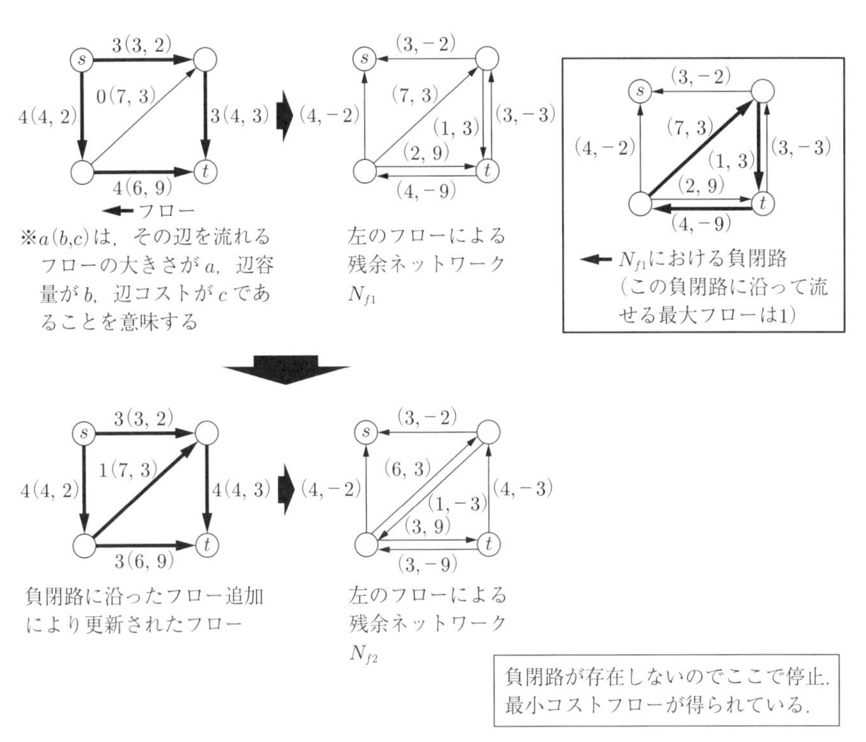

図 **2.6**　負閉路除去法の実行例

負閉路除去法は容易に実装できるので実用的なアルゴリズムではあるが，強多項式時間アルゴリズムではない．なお，紹介は省くが，最小コストフロー問題に対する強多項式時間アルゴリズム[28)]は存在する．

2.2.3　多品種フロー問題

最大フロー問題や最小コストフロー問題は，ネットワークと，一対の始点・終点が与えられたとき，始点 s から終点 t への最大フローや最小コストフローを求める問題であった．これを，多数の頂点対がある場合に拡張することができる．k 個の頂点対 $\{\{s_i, t_i\} : i = 1, 2, \cdots, k\}$，それぞれにおけるフローを

品種（commodity）という．各品種ごとに独立してフロー保存則が成り立っており，各辺に流れる全ての品種のフロー量の合計が当該辺の容量以下であるようになっていなければならない．多品種フローの例を図 **2.7** に挙げる．

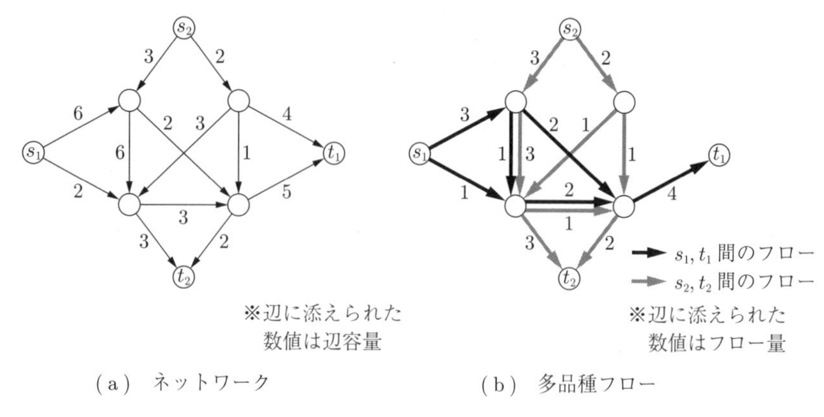

（a）ネットワーク　　（b）多品種フロー

図 **2.7**　多品種フローの例

このような制約条件の下，全ての品種のフロー値の合計を最大化する問題を，**多品種最大フロー問題**（multi–commodity maximum flow problem）という．品種数が 1 の場合は 2.2.1 項の最大フロー問題である．同様に**多品種最小コストフロー問題**（multi–commodity minimum flow problem）も定義できる．

多品種最大フロー問題も多品種最小コストフロー問題も線形計画問題として定式化できるので，線形計画問題を解くアルゴリズムを用いて多項式オーダの計算量で解くことができる．線形計画問題を利用しない多項式時間アルゴリズムは限られた場合を除いて現在のところ知られていないが，理論的な観点からの研究は精力的に進められている[29)]．

2.2.4 独　立　経　路

二つの経路が共通の辺をもたないとき，それらを**辺素**（edge disjoint），共通の頂点をもたないとき，それらを**点素**（vertex disjoint）という．

多品種フローのところで考えたように，複数の異なる頂点対の間の経路であって互いに辺素であるようなものを求めることは多項式時間アルゴリズムでできるだろうか？　もし，そのようなアルゴリズムがあれば，情報ネットワークにおいて通信リンクや通信ノードをできるだけ共有しないような経路集合をとることができるようになり，負荷の集中を抑制する経路決定が可能となる．

ネットワークと頂点対集合を入力とし，それぞれの頂点間の経路が相互に辺素（点素）となるように経路を決定する問題は，**辺独立経路問題**（**辺素パス問題**）（edge disjoint path problem），**点独立経路問題**（**点素パス問題**）（vertex disjoint path problem），両方あわせて**独立経路問題**という．なお，これは最適化問題ではなく，制約条件を満たす解が存在するか否かを問うものであり，決定問題である．

独立経路問題は多品種フロー問題と類似しているが，出力するものはフローではなく経路集合であるため，連続変数の最適化問題である線形計画問題では解けない．多品種フロー問題では，複数の品種のフローが一つの辺を同時に流れてもよく，フロー量は連続値をとってよいが，独立経路問題では各辺はある頂点間の経路が占有するか否かのどちらかの状態しかとりえないため，連続値をとらないからである．したがって，専用のアルゴリズム設計が必要となるが，独立経路問題は一般にNP完全であることがわかっており，多項式時間アルゴリズムの存在は期待できない．ただ，頂点対に関する制約条件を更に付け加えることによって多項式オーダの計算量で解ける場合もあり，どのような条件なら効率良く解けるかなどの観点から理論的な研究が行われている[3),30)]．

2.3　辺重み設定による経路制御

ある頂点（辺）の媒介中心性とは，全頂点対の最短路のうちその頂点（辺）を通過するものの数を指すのであった．媒介中心性が大きい頂点や辺は，情報が集まる場所ともいえるが，負荷が集中する場所ともいえる．情報ネットワークにおいてはこのように負荷が集中すると混雑（**輻輳**（congestion））が発生しやすくなるため，なるべく避けるようにしたい．しかし，多くの場合，ルーティングプロトコルによって自動的に最短路が選ばれてしまうため，経路の集中を避ける方法としては，経路を自由に設定できるルーティングプロトコルに変更するか，各通信リンクに付与されているリンクコストという辺重みに相当する値を変更するしかない．前者はネットワーク機器の全面変更につながることであるためあまり現実的ではないが，後者はネットワークオペレータによって容易に変更が可能である．したがって，リンクコストを適切に設定することで最短路の集中を避けるようにすることができれば望ましい．**図 2.8** に適切な辺重み設定による最短路の集中回避の例を挙げる．図において，全ての辺重みを 1 とすると特定の辺に最短路が集中するが，ある辺重みを 3 に変更すると最短路が分散している．

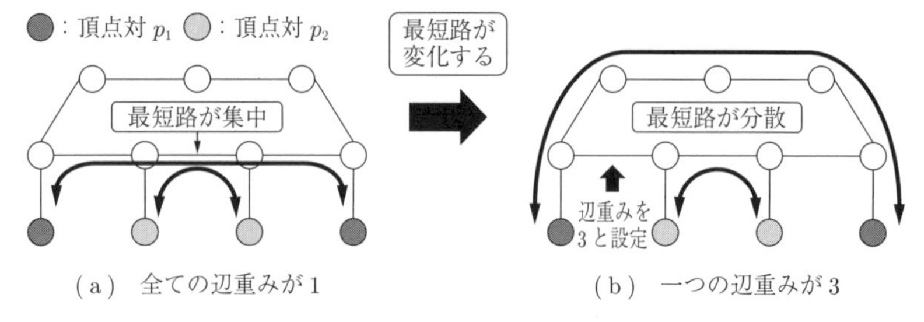

図 **2.8**　適切な辺重み設定による最短路の集中回避

グラフと辺重み関数が与えられたとき，ダイクストラ法などで最短路を求めることはできる．辺重みが変わると一般に最短路も変わる．しかし，逆に多数の最短路が集中しないように辺重みを決定することは容易ではない．

情報ネットワークにおけるリンクコスト設定のためのヒューリスティックなアルゴリズムとして，通信リンク容量の逆数をリンクコストとして割り当てる方法が広く用いられている．これは，容量が大きいほど，より多くの経路が集中しても輻輳しにくいという考えに基づいている．ほかにも，整数計画問題として定式化して解く方法[31),33)]もあるが，ネットワークが小規模の場合しか扱えない．また，タブー探索法など汎用的なメタヒューリスティックアルゴリズムを用いて解く方法[32),34),35)]もある．ここでは，離散最適化問題として定義し，制約条件と計算量の関係を理論的に調べるアプローチ[36),37)]を紹介する．

まず，問題を定義しよう．連結無向グラフ $G = (V, E)$ ($|V| = n$, $|E| = m$)，辺容量関数 c，辺重み関数 w からなるネットワーク $N = (G, c, w)$ を考える．

更に頂点対集合 $\{\{s_1, t_1\}, \{s_2, t_2\}, \cdots, \{s_k, t_k\}\}$ と，それぞれの頂点対における需要量を $d_1, d_2, \cdots, d_k$ とする．頂点対を限定する場合も全頂点対の場合も両方扱えるように定義している．辺重みを変更できる辺集合も指定できるようにし，辺重み変更可能辺集合を $F(\subseteq E)$ とする．

1 章でも述べたように，2 頂点間の最短路は，その頂点間の経路に含まれる辺重みの和が最小のもので定義するが，2 頂点間に異なる複数の最短路が生じる可能性があるため，その場合の扱いを正確に決めておく必要がある．ここでは，そのうちいずれか一つのみが経路として選ばれるとし，そのうちのどのような経路が選択されたとしても容量制約を満たさなければならないとする．これは妥当な前提とも考えられるが，一方，かなり余裕をもった（「安全側」ともいわれる）前提ともいえる．この前提では，頂点対 $\{s_i, t_i\}$ に複数の最短路があり，需要量が d_i である場合，それら全ての最短路に需要量 d_i が割り当てられることになる．実際には最短路が複数本あってもその一つしか使われないので，無駄が多いようにも思える．一方，どの最短路を使っても容量制約を満たさなければならないとしているので，やむをえないともいえる．この部分の前提にはさまざまなものがあり，例えば，複数の最短路に頂点間の需要量を均等に分割するというものもある．しかし，どの前提が妥当か否かは扱う対象の情報ネットワークによって異なるので，ここではいま述べた前提で進める．正確に述べよう．各頂点対 $\{s_i, t_i\}$ $(i = 1, 2, \cdots, k)$ について，その全ての最短路に需要量 d_i を割り当てる，つまり最短路に含まれる全ての辺に d_i を割り当てるとする．全ての辺 e において，e に割り当てられた各頂点対の需要量の合計が辺容量 $c(e)$ 以下であるならば，容量制約を満たすという．

負荷分散辺重み決定問題

入　力：ネットワーク $N = (G = (V, E), c, w)$，辺重み変更可能辺集合 $F(\subseteq E)$，頂点対・需要量集合 $Q = \{\{\{s_i, t_i\}, d_i\} : i = 1, 2, \cdots, k\}$

出　力：辺重み関数 w'

制　約：(1) $e \in E - F$ においては $w'(e) = w(e)$

(2) 辺重み関数 w' によって定まる最短路への需要量割当が容量制約を満たす

ここでは負荷分散辺重み決定問題を，最適化問題ではなく決定問題として定式化している．つまり，制約を満たす辺重み関数が存在するか否かを問い，存在するならばそのような辺重み関数を出力するという問題である．辺重み変更可能辺の辺重みのみを変更して容量制約を満たすようにできるかを問うている．

この問題は一般に NP 困難であるが，辺重み変更可能辺を一つだけに限定した場合は，多項式オーダの計算量で解ける[36)]．つまり，ある辺重みをうまく設定することで容量制約を満たすようにできるかを問う問題である．1 本の辺重みを決定するだけではあるが，重みは任意の値をとりうるため，ここまで限定してもまだ容易には解けない．

辺重み変更可能辺数が 1 の場合のアルゴリズム（**Algorithm 10**）について述べる．まず，この場合の問題を

$$N = (G = (V, E), c, w), Q, F = \{e^*\}$$

と表記する．簡単のために，頂点対の需要量を全て 1 とするが，一般の場合に

Algorithm 10 ：負荷分散辺重み決定（辺重み変更可能辺数が 1 の場合）

Input: ネットワーク $N = (G = (V, E), c, w)$，辺重み変更可能辺 $F = \{e^*\}$，
頂点対・需要量集合 $Q = \{\{\{s_i, t_i\}, d_i = 1\} : i = 1, 2, \cdots, k\}$

Output: 辺重み関数 w'

1 $l_1, l_2, \cdots, l_k, l_{k+1}$ $(l_1 > l_2 > \cdots > l_k, l_{k+1} = 0)$ を定める
2 **for** $j = 1$ **to** $k + 1$ **do**
3 　$w(e^*) \leftarrow l_j + \epsilon$
4 　各頂点対について最短路を計算
5 　全ての辺 $e \in E$ に対して，e に割り当てられた需要量の合計 $m(e)$ を求める
6 　**if** 全ての辺 $e \in E$ に対して，$m(e) \leq c(e)$ **then**
7 　　**return** 辺重み関数 w
8 **return** 実行不可能

も拡張できる．辺重み関数 w による頂点対 $\{s_i, t_i\}$ の最短路長を l_i^w と表記する．辺重み変更可能辺 e^* の辺重みが $w(e^*) = \infty$ のとき，その最短路長を l_i^∞，同様に $w(e^*) = 0$ のとき，その最短路長を l_i^0 と表記する．$l_i^\infty \geqq l_i^0$ である．一般に，e^* の辺重みが最短路長差 $l_i = l_i^\infty - l_i^0$ より大きいとき，頂点対 $\{s_i, t_i\}$ の最短路は e^* を通らない経路をとるため，最短路長は e^* の辺重みに依存しない．逆に e^* の辺重みが l_i より小さいとき，頂点対 $\{s_i, t_i\}$ の最短路は e^* を通るため最短路長は e^* の辺重みに依存する．

もし，$l_i = \infty$ ならば，$l_i^\infty = \infty$ であり，e^* の辺重みが無限大であっても頂点対 $\{s_i, t_i\}$ の最短路は e^* を通ることを意味する．したがって，e^* の辺重みによらず，頂点対 $\{s_i, t_i\}$ の最短路は常に e^* を通過する．$l_i = 0$ ならば，e^* の辺重みによらず，頂点対 $\{s_i, t_i\}$ の最短路は常に e^* を通過しない．これらの場合は，頂点対 $\{s_i, t_i\}$ の最短路は，e^* の辺重みによらず同じ経路をとるので，このような頂点対はあらかじめ除いて考えてよい．また，等しい最短路長差の点対が複数ある場合，これらに対応する頂点対の最短路は全て，e^* の辺重みを変化させたときに e^* を通過するか否かが同時に変化する．そのため，各辺を通過する需要量の変化の計算の際には，これらの最短路について同時にまとめて行えばよい．したがって，簡単のために，全ての頂点対の最短路長差は異なるとしてよい．以上から，必要ならば頂点対の番号を付け替えて l_i を降順にソートし，$l_1 > l_2 > \cdots > l_k$，$l_{k+1} = 0$ と仮定しても一般性は失わない．

全ての $i = 1, 2, \cdots, k$ に対し，$l_{i+1} + \epsilon < l_i$ を満たす正の実数 ϵ が存在する．$w'(e^*) = l_j + \epsilon$ とすると，頂点対 $\{s_1, t_1\}$ から頂点対 $\{s_{j-1}, t_{j-1}\}$ までの各最短路は e^* を通過するので，各 $\{s_i, t_i\}$ $(1 \leqq i \leqq j-1)$ の最短路長は $l_i^0 + l_j + \epsilon\ (< l_i^\infty)$ となる．したがって，e^* の辺重みを $l_j + \epsilon$ から $l_{j+1} + \epsilon$ に変更することにより，e^* を通過する経路数を頂点対 $\{s_1, t_1\}$ から頂点対 $\{s_{j-1}, t_{j-1}\}$ の最短路 $j-1$ 本から，新たに頂点対 $\{s_j, t_j\}$ の最短路を e^* に通過させて j 本にすることができる．

以上の考察に基づき，$j = 1, 2, \cdots, k+1$ の順に以下の手順を繰り返すことによって解を求めることができる．辺重み変更可能辺 e^* の辺重みを $w'(e^*) = l_j + \epsilon$

とする．このとき，各頂点対の最短路を計算し，各辺に割り当てられた需要量の合計を求める．それがその辺容量以下ならば，そのときの $l_j + \epsilon$ を e^* の辺重みとする．$j = k+1$ でも条件を満たさなければ，どのような辺重みを e^* に与えても各辺の容量以下にすることができないと出力する．つまり，辺重みを $l_1 + \epsilon, l_2 + \epsilon, \cdots$ と減らしていき，容量制約が満たされるまで最短路を変化させていく．最短路が変わりうるポイントが $l_1, l_2, \cdots, l_k, l_{k+1}$ だけに限られているため，そこだけチェックすればよいわけである．

Algorithm 10 では，まず $l_1, l_2, \cdots, l_k$ を求めるために最短路の計算とソーティングを行い，そのあとの for ループは，$k+1$ 回の反復のそれぞれにおいて k 個の頂点対の最短路の計算と容量制約を満たすか否かの判定を行っている．したがって，全体でも多項式オーダの計算量で収まっている．

図 2.9 および**図 2.10** に Algorithm 10 の動作例を示す．

辺重み変更可能辺数が 1 ならば上記のように多項式オーダの計算量で解ける．そのほかの結果として，辺重み変更可能辺数が定数かつ頂点対の個数が定数な

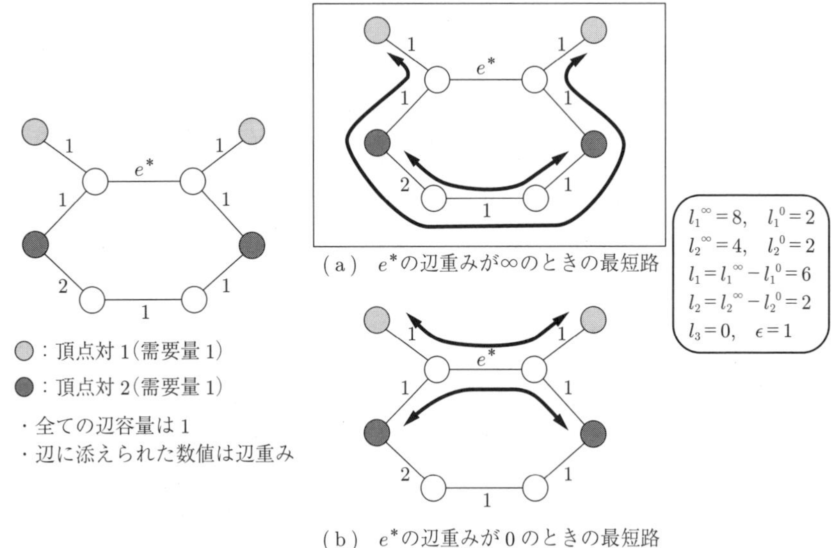

図 2.9　Algorithm 10 の動作例 (1)

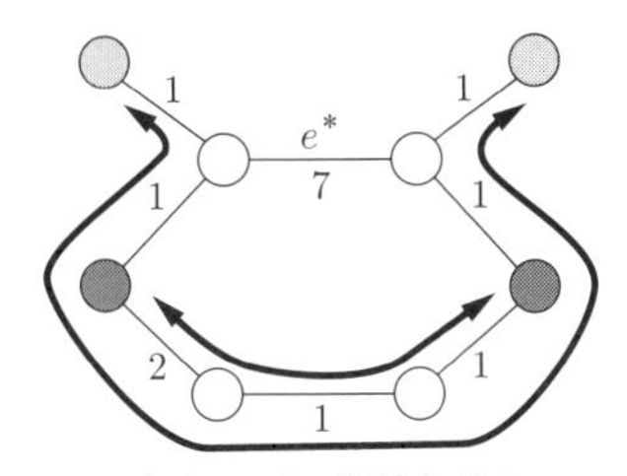

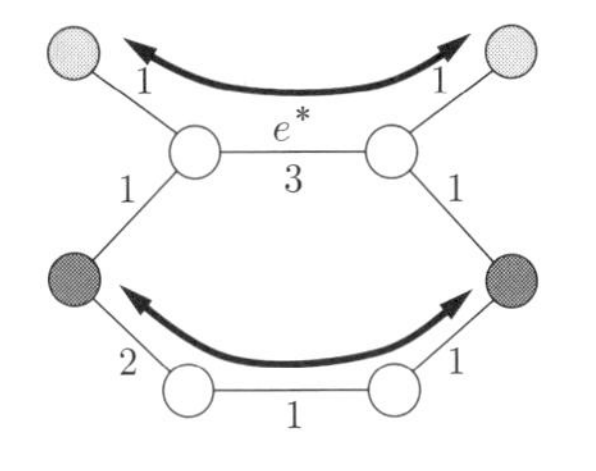

$i=1$ のとき，e^* の辺重みは $l_1+\epsilon=7$
頂点対 1 の最短路の経路長は 8
頂点対 2 の最短路の経路長は 4

$i=2$ のとき，e^* の辺重みは $l_2+\epsilon=3$
頂点対 1 の最短路の経路長は 5
頂点対 2 の最短路の経路長は 4

○：頂点対 1（需要量 1）
●：頂点対 2（需要量 1）

・全ての辺容量は 1
・辺に添えられた数値は辺重み

図 **2.10**　Algorithm 10 の動作例 (2)

らば多項式オーダの計算量で解けることもわかっている[37)]．これらの例でもわかるように，一般には NP 困難問題であっても，条件を適切に設定すれば多項式時間アルゴリズムが作れることもある．

章　末　問　題

【1】 辺重みが全て 1 の場合は，1 章で紹介した幅優先探索アルゴリズムによって最短路木が得られることを示せ．

【2】 図 **2.11** に示すネットワーク N_1 において，v_1 を始点とする最短路問題をダイクストラ法を用いて解き，最短路木を求めよ．また，v_2 を始点とするベルマン・フォード法を用いた場合も同様に行え．更に，ワーシャル・フロイド法を用いて全頂点対の最短路の経路長も求めよ．

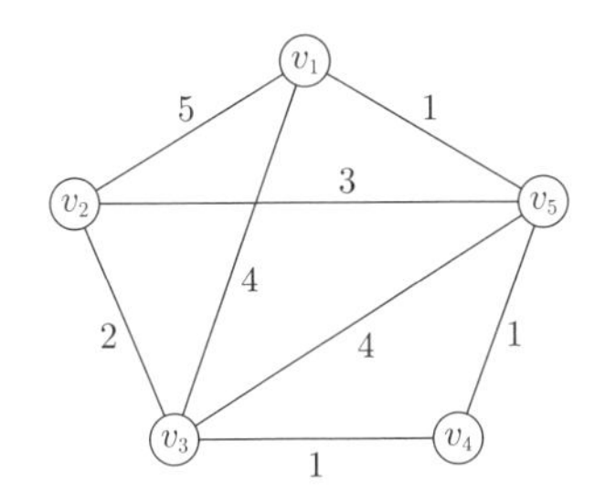

図 **2.11**　ネットワーク N_1

【3】 ダイクストラ法，ベルマン・フォード法，ワーシャル・フロイド法をそれぞれ適当なプログラミング言語で実装し最短路を求めるプログラムを書け．このプログラムを一度作っておけばほかのプログラムにも流用できるだろう．また，最短路を求めるプログラムは，平均頂点間距離や直径，媒介中心性を求めるプログラムにも流用できるだろう．

【4】 図 **2.12** に示すネットワーク N_2 において，頂点 v_1 から v_6 への最大フローを求める最大フロー問題を Ford–Fulkerson アルゴリズムを用いて解け．

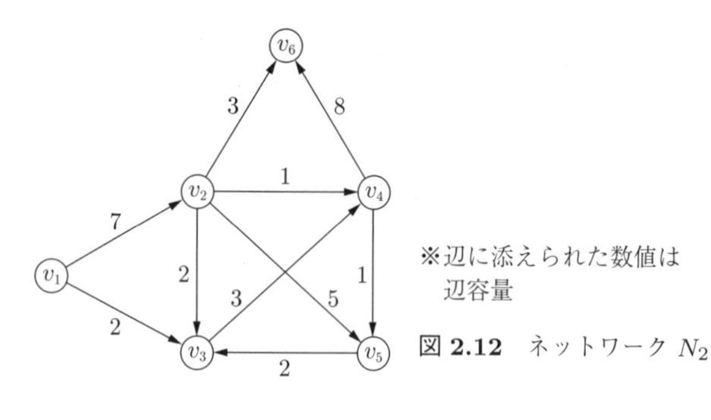

図 **2.12**　ネットワーク N_2

第3章 どのようにネットワークを高信頼化するのか

近年のインターネットの普及を待つまでもなく，電話網の時代から情報ネットワークは重要な社会基盤であり，常に障害や輻輳の影響を最小限に抑えた信頼性の高い情報ネットワークを構築し運用することが，通信事業者にとって重要な課題であった．そのため，これまで高信頼ネットワーク設計のためのさまざまな方法が研究開発されてきた．同様に，道路網・鉄道網など社会インフラを支えるネットワークには全て信頼性の高いネットワーク設計が必要不可欠である．信頼性という観点に基づくネットワーク設計は，グラフ理論や最適化理論とも密接につながっているが，逆に現実のさまざまなネットワーク設計の必要性が，グラフ理論や最適化理論の研究の一つの推進力にもなっている．

本章では，信頼性の高いネットワークの設計に関するさまざまな最適化問題とアルゴリズムについて述べる．

3.1 連　結　度

情報ネットワークにおいては各地点間の通信ができるか否かが本質的に重要である．たった1箇所の障害によって通信が断絶してしまうような状況では，通信の信頼性は低く，脆弱（ぜい）であるといえよう．道路網においても，崖崩れなどによりたった1箇所が通行不能となってだけで陸の孤島となるようであれば危険である．このように，ネットワークにおいては，「代替経路がとれる」という意味での信頼性が重要である．また，経路が複数とれるのであれば，平常時もそれらを有効活用して両方利用することで，負荷の集中を抑制することもできるであろう．本章では，このように信頼性と負荷分散の観点からも重要である，連結度という概念について述べる．

通信ノードと通信リンクから構成される情報ネットワークの構造を表すグラフは連結している必要がある．辺数とコストが比例するとしたとき，最小コストでネットワークを作るのであれば，最小の辺数で全ての頂点を連結するグラフ，つまり木でよいことになる．しかし信頼性は低い．なぜなら，たった1箇所の辺が切断されると木は二つの木に分断される，つまり1箇所の通信リンクに障害が発生しただけで相互に通信不能な通信ノードの組が現れてしまうからである．情報ネットワークでは，一部に障害が発生しても，通信の途絶や品質劣化を避けられるように設計されていなければならない．この意味でのネットワーク構造の信頼性を評価する重要な概念の一つとして連結度がある．

無向グラフ $G=(V,E)$ の頂点部分集合 W $(W \subset V, W \neq \emptyset)$ に対して，辺の部分集合 $\{(v,w) \in E : v \in W, w \in V \setminus W\}$ を $E(W)$ と表して，**カット**（cut）という．$A \subseteq W$，$B \subseteq V \setminus W$ であるとき，カット $E(W)$ は A と B を**分離する**（separate）といい，$E(W)$ に含まれる辺の本数を**カットサイズ**（cut size）という．A と B を分離する任意のカットのサイズが k 以上であるとき，A と B は $\boldsymbol{k}$ **辺連結**（k–edge-connected）という．k 辺連結であるような最大の k を A と B の間の**局所辺連結度**（local edge–connectivity）といい，$\lambda(A,B)$ と表す．情報ネットワークでいえば，どのような $(\lambda(A,B)-1)$ 本以下の同時リンク障害によっても，A と B の間は通信が継続できることを意味する．**図 3.1** においては，$W=\{v_1,v_2,v_3,v_4\}$ とすると，$E(W)=\{(v_4,v_5),(v_4,v_7)\}$ である．

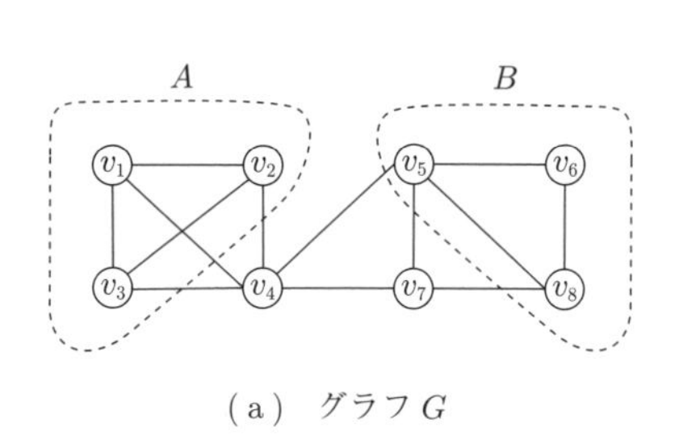

（a） グラフ G

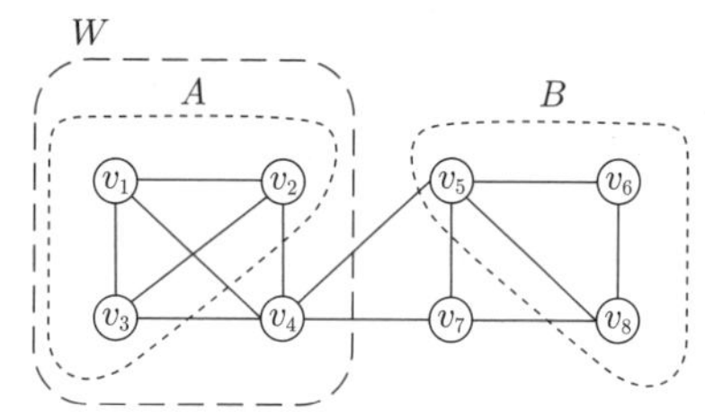

カット $E(W)=\{(v_4,\ v_5),\ (v_4,\ v_7)\}$
（カットサイズは 2）

（b） G におけるカットの例

図 3.1　カット，辺連結度

$A = \{v_1, v_2, v_3\}$，$B = \{v_5, v_6, v_8\}$ とすると，A と B を分離するカットサイズは 2 以上なので，A と B は 2 辺連結であり，局所辺連結度は 2 である．

任意の $v, w \in V$ が k 辺連結であるとき，G は k 辺連結といい，k 辺連結であるような最大の k を G の**辺連結度**（edge–connectivity）という．図 3.1 のグラフにおいては，辺連結度は 2 である．

カットサイズとフロー値の間には密接な関係がある．辺容量を全て 1 としたネットワークにおける始点 s から終点 t への最大のフロー値は，s と t を分離する全てのカットのうち最小のカットサイズに一致することがわかっている．これは**最大フロー・最小カットの定理**（max–flow min–cut theorem）と呼ばれ，この定理により，最小サイズのカットは，最大フロー問題を解くことで見つけることができる．したがって，辺連結度は，2 章で紹介した Ford–Fulkerson アルゴリズムを繰り返し用いて求めることができる．

障害に強い信頼性の高い情報ネットワークを設計する際には，その構造を表すグラフが，十分な大きさの辺連結度をもつことが必要である．また，辺連結度が大きいことは，障害に強いというだけでなく，負荷集中の抑制にもつながる．辺連結度が小さければ，サイズの小さいカットの辺集合に対応する通信リンク集合に通信が集中して混雑する可能性が高まる．辺連結度を大きくすれば，このようなボトルネックを緩和することができるからである．

辺連結度は通信リンク障害への耐性を図る尺度に対応するが，通信ノード障害に対応する**点連結度**（vertex–connectivity）というものもある．両端点をそれぞれ A, B ($\subset V, A \cap \beta = \emptyset$) にもつ任意の経路が，$W$ ($W \subset V, W \neq \emptyset$) に属する頂点を含むとき，$W$ は A と B を分離する**点カット**（vertex cut）といい，$|W|$ を点カット W のサイズという．$E(A, B) = \{(v, w) \in E : v \in A, w \in B\}$ と定義するとき，$E(A, B) = \emptyset$ かつ A と B を分離する任意の点カットのサイズが k 以上であるか，$E(A, B) \neq \emptyset$ かつ $G - E(A, B) = (V, E \setminus E(A, B))$ における A と B を分離する任意の点カットのサイズが $k - |E(A, B)|$ 以上であるとき，A と B は $\boldsymbol{k}$ **点連結**（k–vertex–connected）という．k 点連結であるような最大の k を A と B の間の**局所点連結度**（local vertex–connectivity）とい

い，$\kappa(A, B)$ と表す．任意の $v, w \in V$ が k 点連結であるとき，G を k 点連結といい，k 点連結であるような最大の k を G の**点連結度**（vertex–connectivity）という．**図 3.2** において，$W = \{v_4\}$ は A と B を分離する点カットであってサイズは 1 である．A と B は 1 点連結であり，局所点連結度は 1 となる．グラフの点連結度も 1 である．

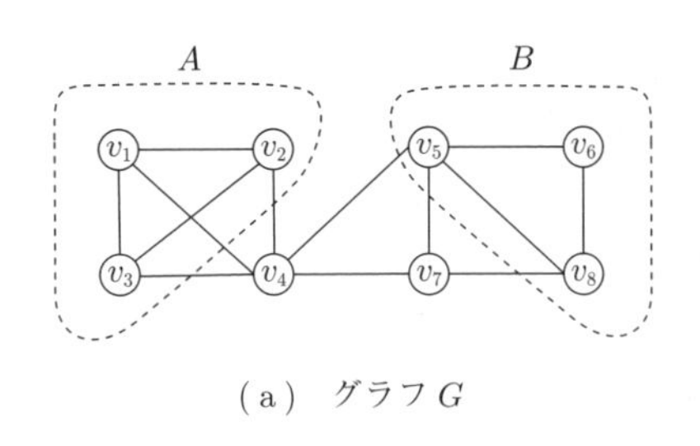

（a） グラフ G

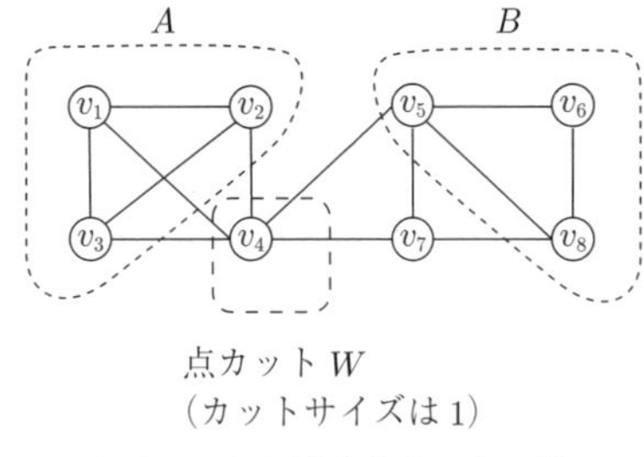

（b） G における点カットの例

図 3.2　点カット，点連結度

通信リンク障害だけでなく通信ノード障害にも対応するためには，点連結度の大きいグラフを構造としてもつようにネットワークを設計しなければならない．実際には，通信ノード自体に障害が発生する可能性よりも通信リンクに障害が発生する可能性のほうが高いが，地震災害やテロへの対応のため，点連結度を考慮した設計が必要な場合もある．

頂点 v, w を両端点にもつ互いに辺素な（二つの経路が共通の辺をもたない）経路の本数の最大値は，v と w を分離する任意のカットのサイズを超えることはないため，v と w の間の局所辺連結度以下である．しかし，実は，常に局所辺連結度に一致する．これを**メンガーの定理**（Menger's theorem）という．つまり，無向グラフ $G = (V, E)$ の異なる 2 頂点 $v, w \in V$ において，頂点 $v, w \in W$ を両端点にもつ互いに辺素な経路の本数の最大値は，v と w の間の局所辺連結度 $\lambda(v, w)$ に等しい．メンガーの定理により，二つの頂点間の互いに辺素な最大本数の経路集合を求めることも多項式オーダの計算量でできる．最大フロー・最小カットの定理より，頂点 v, w 間の局所辺連結度は最大フロー問題を解けば求められ，得られたフローから頂点 v, w を両端点にもつ最大本数の辺素パス集合が得られるからである．同様の定理が局所点連結度に関しても成り立つ．両端点を共有する二つの経路が両端点を除いて共通の頂点をもたないとき，**内素**（internally disjoint）というが，頂点 $v, w \in W$ を両端点にもつ互いに内素な経路の本数の最大値は，v と w の間の局所点連結度 $\kappa(v, w)$ に等しい．

メンガーの定理は数学的にも興味深いが，さまざまな応用とも関わる．情報ネットワークの設計を例に挙げてみよう．2 地点間の経路を複数本設定するとき，負荷分散させたほうがよい．一つの経路しか使わない場合，そこに通信が集中すると，その経路を使う通信の品質が劣化する．例えば，動画はコマ落ちしたり停止し，Web ページはなかなか表示されないなどの現象が生じる．しかし，通信リンクや通信ノードを共有しない 2 本以上の経路があれば，それらの間で適切に通信を振り分けることにより負荷分散ができる．メンガーの定理から，そのような経路集合は最大フロー問題を解いて実際に求めることができる．またネットワーク設計とも関連する．どの 2 地点間でも k 本の独立な経路が取れるようにネットワークを設計するにはどうすればよいだろうか？　メンガーの定理のおかげで，k 辺連結（点連結）グラフを構成することと同じであることが保証される．このように，連結度の大きいグラフは情報ネットワークの構造として信頼性や負荷分散の両方の観点から望ましいものなのである．

情報ネットワークの利用形態を見てみると，2 地点間の直接的な通信だけではなく，WWW ページの閲覧のように，ユーザがサーバにアクセスするという通信が圧倒的に多い．そのため，サーバを運用する事業者は，ネットワークのことだけでなく，サーバへのアクセスの信頼性や負荷分散も考えなくてはならないだろう．この問題への対策の一つとして，同じコンテンツをもつサーバを複数配置することがある．このようなサーバをミラーサーバともいう．ユーザから見ればどのサーバにアクセスしても同じ内容なので，どれかにアクセスできさえすれば，そのサーバの提供するサービスを受けることができる．

複数のサーバをもつサービスの信頼性は，障害が発生しても，どれかのサーバにアクセスできて，そのサービスを継続できるかどうかで評価できるであろう．

これは，ユーザに対応する頂点と，サーバが配置された頂点部分集合（領域）との間の連結度の大きさに対応する．**図 3.3** では，任意の頂点と領域 $\{v_1, v_{10}\}$ との間の局所辺連結度は 2 以上であるが，**図 3.4** ではそうならない．実際，図 3.4 において，例えば頂点 v_1 と領域 $\{v_{10}, v_{11}\}$ との間の局所辺連結度は 1 である．したがって，前者では，1 箇所の障害であれば，どのユーザでも常に必ずサービスを継続して受けることができるが，後者では，そうならないユーザが出てしまうため，サービスの信頼性は前者に比べて低いといえよう．

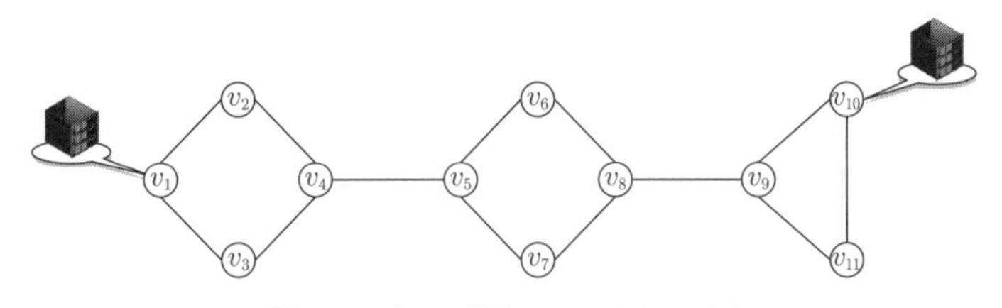

図 **3.3**　サーバ集合へのアクセス (1)

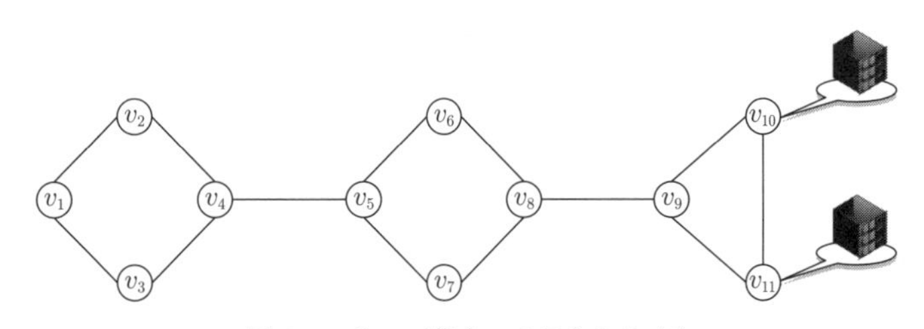

図 **3.4**　サーバ集合へのアクセス (2)

無向グラフ $G = (V, E)$ と，その頂点部分集合の集合 $X = \{V_1, V_2, \cdots, V_p\}$ $(V_i \subseteq V, i = 1, 2, \cdots, p)$ の組 (G, X) を**領域グラフ**（area graph）[38] といい，各 $V_i \in X$ を**領域**（area）という．領域グラフを用いることによって，複数の種類のサービスの信頼性を同時に扱うことができるようになる．

領域グラフ (G, X) において，各頂点と領域間の局所辺連結度の最小値を，領域グラフの **NA 辺連結度**（Node–to–Area–edge–connectivity）[38] といい，$\lambda(G, X)$ と表す．**NA 点連結度**も同様にして定義され，$\kappa(G, X)$ で表す．

図 3.5 では，サーバ集合 A に対応する領域と任意の頂点との間の局所辺連結

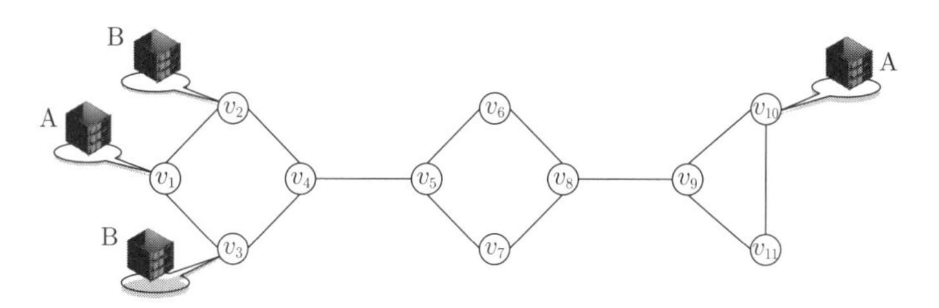

図 **3.5**　領域グラフと NA 辺連結度

度は 2 であるが，サーバ集合 B に対応する領域との間の局所辺連結度が 1 の頂点 $\{v_5, v_6, \cdots, v_{11}\}$ があるため，この領域グラフの NA 辺連結度は 1 である．

NA 連結度に対してもメンガーの定理と類似の定理が成り立つ．つまり，頂点 v と領域 W に含まれる頂点を両端点にもつ互いに辺素な経路の本数は，v と W の間の NA 辺連結度に一致する．内素についても同様に成り立つ．したがって，ミラーサーバ集合との間の通信リンクやノードを共有しない経路集合を求めることもできるし，ミラーサーバが配置されたネットワークの信頼性を高めることと，所望の NA 連結度になるようにネットワークを設計することが等価であることもわかる．

3.2　新規ネットワーク設計

まず，新たに情報ネットワークを構築する設計について述べる．通信ノードの集合が与えられているとしても，任意の通信ノード間に通信リンクを敷設できるとは限らない．例えば，互いに遠く離れた通信ノード間で直通の通信リンクを張るようなことはないし，大都市部の地下ではほかの施設との干渉のために新たな敷設が困難な場合もある．そのため，通信リンクをその間に敷設できる通信ノード対が指定されている状況の下で，条件を満たすように通信リンクを敷設して情報ネットワークを構築することが必要である（図 **3.6**）．

これは，通信リンク敷設可能な通信ノード対を辺集合とするグラフにおいて，全域部分グラフを求めることとして扱うことができる．辺数と通信リンク敷設

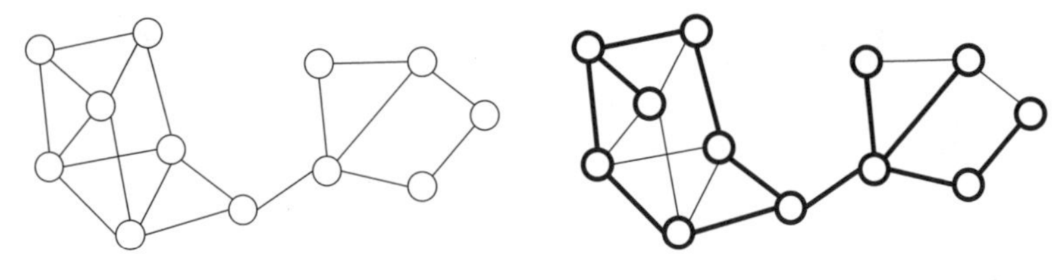

(a) リンク敷設可能ネットワーク
(b) 新規ネットワーク

図 3.6　新規ネットワーク設計

コストが比例するとしたとき，信頼性を無視して最小コストでネットワークを作るのであれば，最小の辺数で全ての頂点を連結する全域部分グラフ，つまり全域木でよいことになる．一方，信頼性が高いネットワークを設計する場合は，辺連結度や点連結度が必要な値以上であるような全域部分グラフを求めることになる．

通信リンク敷設可能ノード対集合を表す連結無向グラフを $G=(V,E)$（V は頂点集合，E は辺集合，$|V|=n$，$|E|=m$）とし，辺重み関数 w を，各辺 $e\ (\in E)$ に非負の実数値 $w(e)$ を対応させる関数とする．ネットワーク $N=(G,w)$ におけるグラフ G の全域部分グラフ G' の重みを $w(G')=\sum_{e(\in G')} w(e)$ と定義する．新規ネットワークを設計する問題は，ネットワークにおいて，条件を満たす重み最小の全域部分グラフを求める最適化問題として扱うことができる．ここでは，これら新規ネットワーク設計の際に現れる最適化問題とそのアルゴリズムについて紹介する．

3.2.1　信頼性を考慮しない新規ネットワーク設計

まず，最小の辺数で全ての頂点を連結する新規ネットワーク設計について述べる．

ネットワーク $N=(G,w)$ におけるグラフ G の全域木であって重み最小のものを**最小全域木**（minimum spanning tree）または単に**最小木**という（図 1.9 も参照）．

最小の辺数で全ての頂点を連結するネットワーク設計は，ネットワークにおいて最小木を求めることに対応する．最小木を求める最適化問題を解く多項式時間アルゴリズムが存在する．以下，そのアルゴリズムを紹介するが，まず準備として最小木の性質について述べる．

$G=(V,E)$ の全域木 T（辺集合）に対して，辺集合 $E\setminus T$ を G における T の**補木**（co–tree）といい，補木に含まれる辺を補木辺という．補木辺 b と T の（いくつかの）辺からなる閉路 C_b は一意に定まるが，これを b による T の**基本閉路**（fundamental cycle）という．

ネットワーク $N=(G,w)$ において，全域木 T が最小木であるための必要十分条件は，任意の補木辺 b とそれによって定まる基本閉路 C_b において，全ての $a(\in C_b)$ に対して $w(a)\leq w(b)$ が成り立つことであるということが知られている（**最小木定理**（minimum tree theorem））．

まず，必要性は次のようにしてわかる（図 **3.7** を参照）．T が最小木である

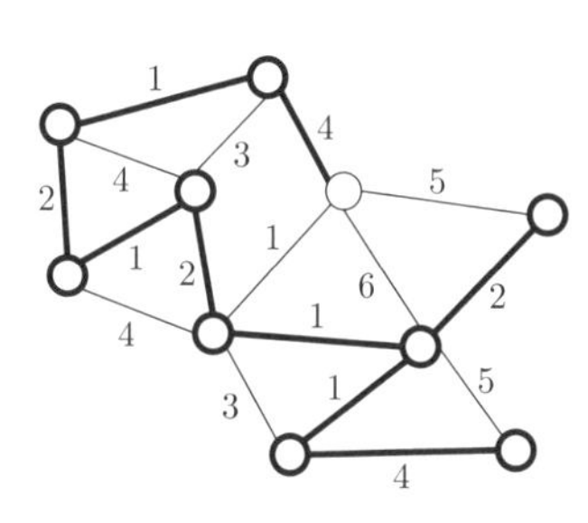

（a）最小木でない木

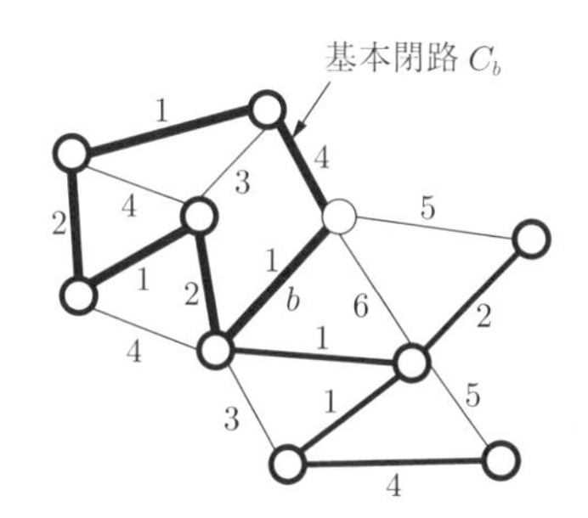

（b）木の補木辺 b と基本閉路 C_b

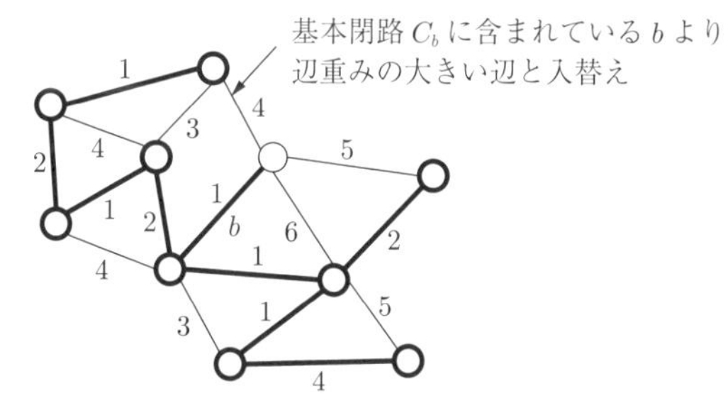

（c）辺の入替えによって，より重みの小さい全域木が得られる

図 **3.7**　最小木定理の説明

としよう．ある辺 $a(\in C_b)$ に対して $w(a) > w(b)$ ならば，T に含まれている辺 a と b を入れ替えて新しい木 T' を作ると，T' の重みのほうが小さくなるため，T が最小木であることに反する．したがって，T が最小木ならば，全ての $a(\in C_b)$ に対して $w(a) \leq w(b)$ が成り立つ．十分性を示すために，T と異なる最小木 T^*（含まれる辺集合の違いが最小，つまり $|T^* - T|$ が最小であるもの）が存在すると仮定して矛盾を導く．$b(\in T^* - T)$ を一つ選んで T^* から除くと，T^* は T_1 と T_2 の二つの木に分かれる．T における b の基本閉路 C_b は，T_1 と T_2 をまたぐ辺を含むので，それを a とする．そこで全域木 $T' = T^* \cup \{a\} \setminus \{b\}$ を作ると，T' の重みは，$w(a) \leq w(b)$ なので，T^* の重み以下になり，T' も最小木である．しかし，$|T' - T|$ は，$|T^* - T|$ より小さくなっている．T^* に比べて，T の辺 a が T' に入っているため，T との差異は T^* よりも小さくなっているからである．これは，T との差異が最も小さいものが T^* であるということに矛盾する．このようにして，最小木定理が成り立つ．

最小木 T を求めるアルゴリズムとして，**クラスカル法**（Kruskal's algorithm）と**プリム法**（Prim's algorithm）というアルゴリズムが知られている．

クラスカル法は，辺の重みの小さなものから順に選んで，閉路を作らない限り木を構成する辺として追加するということを，全域木ができるまで繰り返すというアルゴリズムである（**Algorithm 11**）．

プリム法は，頂点集合 U と $V \setminus U$ の間の重み最小の辺 $e = (u, v)$ $(u \in U, v \in V \setminus U)$ を追加することにより，頂点集合 $U \cup \{v\}$ で誘導される生成部分グラフの最小木を作る．これを繰り返していくことにより，全域木ができたときには G の最小木が得られているという考え方に基づくアルゴリズムである（**Algorithm 12**）．

いずれのアルゴリズムでも，得られた全域木が最小木定理を満たすことから，最小木が得られることがわかる．

Algorithm 11 : クラスカル法のアルゴリズム

Input: ネットワーク $N=(G=(V,E),w)$ $(|V|=n, |E|=m)$

Output: 最小木 T

1 全ての辺重みを小さなものから順に整列し，$w(e_1) \leqq w(e_2) \leqq \cdots, \leqq w(e_m)$ とする

2 $T \leftarrow \emptyset$, $i \leftarrow 1$

3 **while** T が全域木でない（$|T| < n-1$）**do**

4 　**if** $T \cup \{e_i\}$ が閉路をもたない **then**

5 　　$T \leftarrow T \cup \{e_i\}$

6 　$i \leftarrow i+1$

7 **return** T

Algorithm 12 : プリム法のアルゴリズム

Input: ネットワーク $N=(G=(V,E),w)$ $(|V|=n, |E|=m)$

Output: 最小木 T

1 $v_0(\in V)$ を選び，$U \leftarrow \{v_0\}$，$T \leftarrow \emptyset$

2 **for** $i=1$ **to** $n-1$ **do**

3 　$u \in U, v \in V \setminus U$ を満たす辺 $e=(u,v)(\in E)$ の中で最小の重みをもつものを求め，$T \leftarrow T \cup \{e\}$，$U \leftarrow U \cup \{v\}$

4 **return** T

3.2.2 信頼性の高い新規ネットワーク設計

ここでは，必要な連結度をもつ新規ネットワークの設計について述べる．特に通信リンク障害に対する耐障害性を測る尺度である辺連結度について扱う．また，簡単のために辺重みは全て 1 とし，辺重みの最小化は辺数の最小化を意味するものとする．

ネットワーク $N=(G,w)$ における k 辺連結な全域部分グラフであって，最小の辺数のものを求める最適化問題（**k 辺連結全域部分グラフ問題**）を考える．これに対するアルゴリズムが，必要な辺連結度をもつ新規ネットワークの設計法となる．

k 辺連結全域部分グラフ問題

入　力： ネットワーク $N=(G=(V,E),w)$，正整数 k

出　力： G の全域部分グラフ G'

目　的： G' の辺数の最小化

制　約： G' は k 辺連結

この k 辺連結全域部分グラフ問題は NP 困難であることがわかっているため[39)]，多項式時間アルゴリズムの存在は期待できない．最適解を効率よく得ることは困難であるが，近似解を求める多項式時間アルゴリズムが存在する[40),41)]．以下では，その近似アルゴリズムについて述べる．

ネットワーク $N=(G,w)$ において，G の辺連結度が小さければ，全域部分グラフの辺連結度はそれ以下であるため，そもそも必要な辺連結度を確保できない可能性がある．グラフの辺連結度は任意の 2 頂点間の局所辺連結度の最小値なので，ほとんどの頂点間では十分な大きさの局所辺連結度にも関わらず，一部の頂点間の局所辺連結度が小さければ，グラフの辺連結度は小さくなってしまう．そのため，頂点間ごとに個別に扱うことにする．つまり，G の全域部分グラフ G' における任意の頂点 v,w 間の局所辺連結度 $\lambda(v,w;G')$ は，必要な値 k 以上であることを原則とするが，G における頂点 v,w 間の局所辺連結度 $\lambda(v,w;G)$ が k より小さければ，その頂点間に関しては現状維持，つまり $\lambda(v,w;G')=\lambda(v,w;G)$ とする．正確に定義すると，G の全域部分グラフ G' が

$$\lambda(v,w;G') \geqq \min\{k, \lambda(v,w;G)\} \ (\forall v,w \in G) \tag{3.1}$$

を満たすとき，G' は **k 辺連結性を保存する**という．点連結性についても同様に定義できる．G が k 辺連結グラフであれば，k 辺連結性を保存する全域部分グラフ G' も k 辺連結である．図 **3.8** に 2 辺連結性を保存する全域部分グラフの例を挙げる．

まず，**MA 順序**（maximum adjacency ordering）について述べる．グラフ

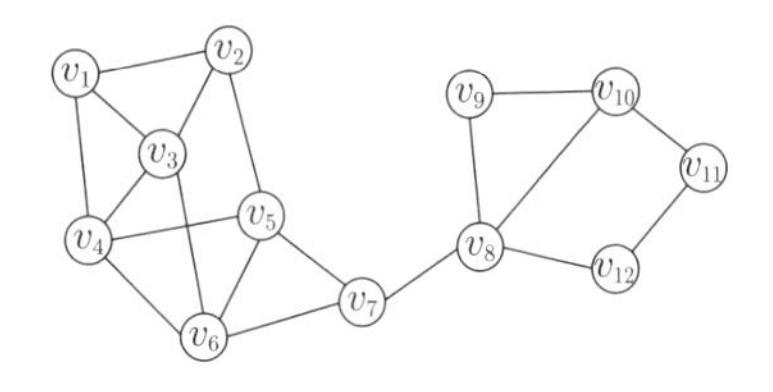

（a） 元のグラフ

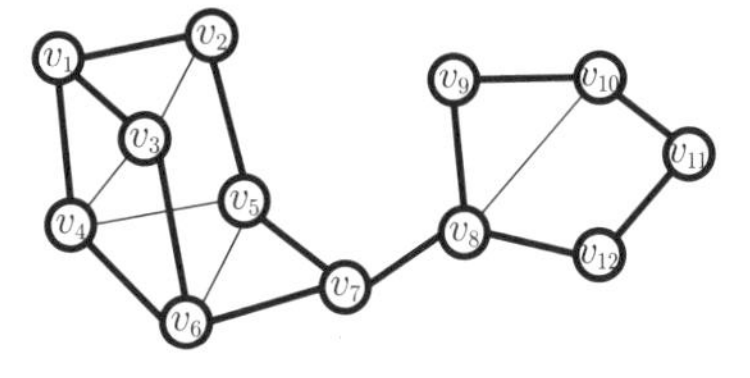

（b） 2辺連結性を保存する全域部分グラフ

図 3.8 2辺連結性を保存する全域部分グラフ

の頂点に付けられた順序番号 $V = \{v_1, v_2, \cdots, v_n\}$ が，$V^i = \{v_1, v_2, \cdots, v_i\}$ としたとき

$$|E(V^{i-1}, \{v_i\})| \geqq |E(V^{i-1}, \{v_j\})| \qquad (1 < i < j \leqq n) \tag{3.2}$$

を満たすとき，この順序付けを MA 順序[6) という．なお，$A, B\ (\subset V)$ に対して，$E(A, B) = \{(v, w) \in E : v \in A, w \in B\}$ である．つまり式 (3.2) は，集合 V^{i-1} と頂点 v_i との間の辺数は，順序番号のより大きい頂点 $v_j\ (i < j)$ との間の辺数以上であることを意味している．

MA 順序は次のアルゴリズムで求めることができる．まず，適当な頂点を v_1 とし，残り $V \setminus \{v_1\}$ の頂点の中から v_1 に最も多くの辺が接続している頂点を選んで v_2 とする．以降同様に，$V \setminus V^{i-1}$ の中から，$|E(V^{i-1}, \{v\})|$ を最大にする頂点 v を選んで v_i とするということを繰り返すことによって，全ての頂点に順序番号を付けることができる．v_i の候補が複数あるときにはそのうちのいずれの頂点を選んでもよい．明らかにこれは MA 順序の条件を満たす．このアルゴリズムの実行は，適切なデータ構造を使うと $O(n + m)$ の計算量で実行できる．**図 3.9** に，このアルゴリズムで得られた MA 順序の例を示す．頂点内部

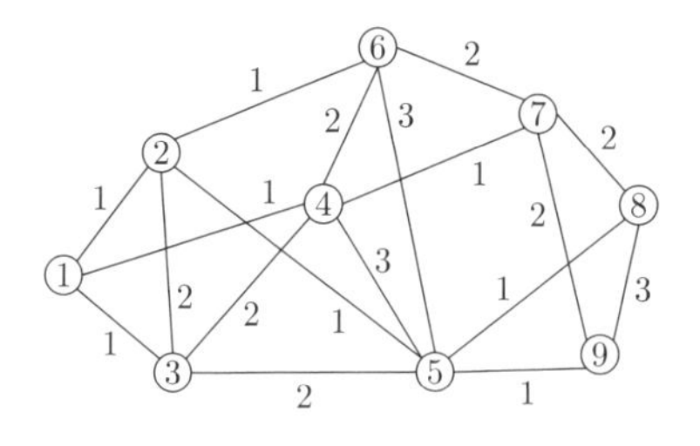

図 3.9 MA 順 序

に書かれた数値が MA 順序の順序番号の一例である．次に，MA 順序が得られたとき，各 $i=2,3,\cdots,n$ ごとに，$E(V^{i-1},\{v_i\})$ の辺に対して，v_i でないほうの端点の順序番号の昇順に順位を付ける．図の辺のそばに付けられた数値がその順位である．

順位 j の付けられた辺の集合を F_j $(j=1,2,\cdots,m)$ とし，グラフ G_k を $G_k=(V,E_k=F_1\cup F_2\cup\cdots,F_k)$ とする．**図 3.10** に G_k の構成例を挙げる．図 (a), (b), (c) はそれぞれ F_1,F_2,F_3 を表し，図 (d) は G_2 を表す．

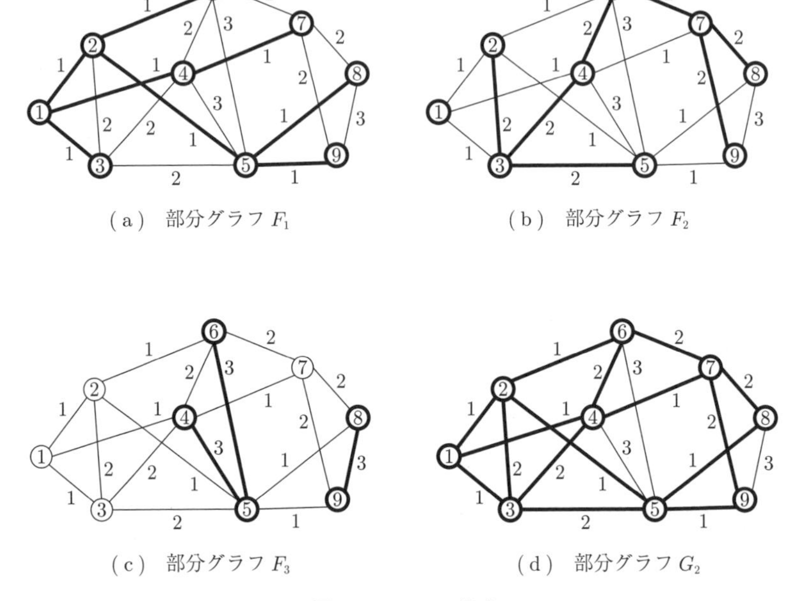

(a) 部分グラフ F_1　　(b) 部分グラフ F_2

(c) 部分グラフ F_3　　(d) 部分グラフ G_2

図 3.10　G_k の構成

このように構成されたグラフ G_k は，実は k 辺連結性も k 点連結性も保存していることがわかっている．図 (d) では，G_2 が 2 辺連結性を保存していることがわかる．各 F_j は森（閉路を含まないグラフ）であることから辺数は $n-1$ 以下であり，G_k の辺数は $k(n-1)$ 以下である．つまり，G_k は k 辺連結性を保存する辺数 $k(n-1)$ の全域部分グラフである．最小の辺数とは限らないが，辺数が $O(n)$ なので，少なくとも疎な全域部分グラフが得られている．このア

ルゴリズムを **Algorithm 13** にまとめる．

Algorithm 13 で得られる解の近似比を求めてみよう．近似比は，最適解である最小の辺数の全域部分グラフ G^* の辺数に対する，近似解 G_k の辺数の比である．まず，最適解の辺数は $kn/2$ 以上でなければならない．k 辺連結グラフの各頂点の次数は k 以上でなければならないからである．

$$kn/2 \leqq |E(G^*)| \leqq |E(G_k)| \leqq k(n-1) < kn \tag{3.3}$$

であるので，$|E(G_k)|/|E(G^*)| < 2$ となる．つまり，G_k は最適解の高々 2 倍の辺数の全域部分グラフとなっており，近似比の上限は 2 である．

Algorithm 13：k 辺連結性を保存する全域部分グラフのアルゴリズム

Input: ネットワーク $N = (G = (V, E), w)$ $(|V| = n, |E| = m)$
Output: k 辺連結性を保存する全域部分グラフであって，辺数が $k(n-1)$ 以下のG_k

1 G の MA 順序を **Algorithm 14** により求める
2 **for** $i = 2$ **to** n **do**
3 　$E(V^{i-1}, \{v_i\})$ の辺に対して，v_i でないほうの端点の順序番号の昇順に順位を付ける
4 　順位 j の付けられた辺の集合を F_j $(j = 1, 2, \cdots, m)$ とする
5 　$G_k \leftarrow (V, E_k = F_1 \cup F_2 \cup \cdots, F_k)$
6 **return** G_k

Algorithm 14：MA 順序のアルゴリズム

Input: ネットワーク $N = (G = (V, E), w)$ $(|V| = n, |E| = m)$
Output: MA 順序 $V = \{v_1, v_2, \cdots, v_n\}$

1 $v_1(\in V)$ を適当に選ぶ
2 **for** $i = 2$ **to** n **do**
3 　$v_i \leftarrow V \setminus V^{i-1}$ の中から，$|E(V^{i-1}, \{v\})|$ を最大にする頂点
4 **return** $V = \{v_1, v_2, \cdots, v_n\}$

以上をまとめると，k 辺連結全域部分グラフ問題は，k 辺連結性を保存する全域部分グラフを求める近似アルゴリズム Algorithm 13 によって，近似比が高々

2の解を多項式オーダの計算量で得られることがわかった．これにより，最小コストとは限らないが，最小コストの高々2倍以内のコストに抑えた上で，一定の信頼性を保証する新規ネットワークの実用的な設計法が得られたといえる．

なお，NA辺連結性に関しても同様の最適化問題が調べられており，k-NA辺連結性を保存する全域部分グラフを求める多項式オーダの計算量の近似アルゴリズムが存在する[47]．

辺連結性を保存すること以外にも，さまざまな条件を満たす全域部分グラフを求める問題が調べられている．例えば，直径を抑えた辺コスト総和最小の全域部分グラフを求める問題[42]や，次数制約のある全域木を求める問題[43]などがある．前者は通信遅延の最悪値を抑制するようなネットワーク設計に関連し，後者は特定ノードに負荷が集中しないようなマルチキャスト配信に関連している．ほとんどの問題はNP困難であるが，近似アルゴリズムや，制約条件を更に限定した場合の多項式時間アルゴリズムが知られている．なお，マルチキャスト配信とは一つのサーバから複数のユーザに同時に同じコンテンツを配信するための通信制御である．サーバを根とする根付き木を求めることになるが，単純な最短路木や最小木では十分な性能が実現できない場合もあるため，複雑な制約条件を満たす木を求める必要がある．これについては，5.1節及び5.2節で詳しく紹介する．

3.3　既設ネットワークの高信頼化

情報ネットワークは常に新しくネットワークを構築するものばかりとは限らない．現実には，まず性能を満たすよう最低限必要な情報ネットワークを構築したのち，必要に応じてその信頼性を向上するように設備などを増強していくことも多い．そこで，ここでは既設の情報ネットワークの改善設計に関連した最適化問題について述べる．

まず，グラフにおいて連結度が所望の値未満である場合に，グラフへの辺の付加によって不足を解消するものがある．これは連結度増大問題として知られる．一定数の同時リンク（ノード）障害に対して情報ネットワークが分断されないようにするために通信リンクを付加する設計に対応する（図 **3.11**）．

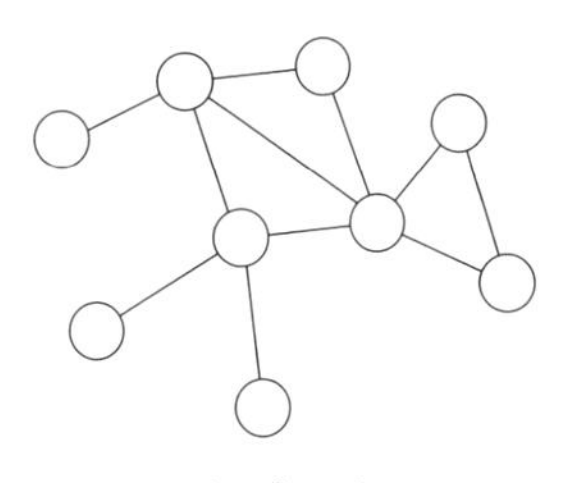

（a） 元のネットワーク

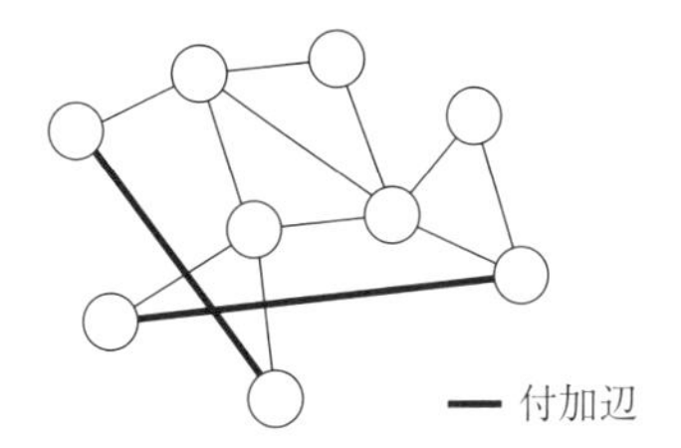

（b） 辺付加により高信頼化したネットワーク

図 **3.11** 辺付加設計

高信頼化にはほかの方法もある．既にある通信リンクの設備強化などにより障害の可能性を大幅に下げ，実質的に障害が発生しないものとみなしてもよいようにすることを，辺の**保護**（protection）という．同様に頂点の保護も考えられる．

情報ネットワーク以外のさまざまなネットワークにおいても，辺付加や辺（頂点）保護の概念が必要な場合がある．例えば，道路網においては，土砂崩れなどによって通行不能となる区間が発生することによって集落が孤立化するような事態にならないよう，あらかじめ補強などの対策が施される．優先的に補強すべき箇所を決定することは，保護するべき辺を決定する問題として扱うことができる．また，迂（う）回路を新たに建設することは付加辺を決定する問題として扱うことができる．

本節では，辺付加設計と，辺（頂点）保護設計に関連する最適化問題について述べる．

3.3.1 辺 付 加 設 計

ここでは，一定数の同時リンク障害に対して情報ネットワークが分断されないようにするための付加すべき通信リンクを決定する設計問題について述べる．これは，頂点間に辺を付加することによって新たに得られるグラフの辺連結度を所望の値以上にする問題として定式化できる.

辺連結度増大辺付加問題

入　力： 無向グラフ $G = (V, E)$

出　力： 追加する辺集合 F

目　的： $|F|$ の最小化

制　約： $\lambda(\widehat{G} = (V, E \cup F)) \geqq k$

この問題は多項式オーダの計算量で解けることがわかっている[6),44)~46)]．ここでは，ネットワークが木 $T = (V, E)$ である場合に最小の辺数を付加して 2 辺連結グラフにするアルゴリズムについて述べる.

T の葉 v の次数は 1 なので，v とほかの頂点との間の局所辺連結度は 1 である．これを 2 以上にしなければならないので，v を端点とするような辺は必ず付加されなければならない．全ての葉について同様であるため，葉の数を L とすると，$\lceil L/2 \rceil$（$L/2$ の切上げ）本の辺は付加されなければならない．1 本の辺付加で二つの葉の次数を 1 ずつ増加させることができるためである．2 辺連結グラフにするための付加辺数はこの本数が下限であるが，この本数で実際に 2 辺連結グラフにすることができる．基本的な考え方としては，深さ優先探索によって葉に番号を付け，前半と後半の間にまたがるように辺を付加するというものである．ただし，どのような番号付けであってもその前半と後半の間にまたがるようになっているように辺を付加する．さもなければ，前半だけの葉の間及び後半だけの葉の間でそれぞれ辺付加されてしまい，前半の部分と後半の部分との間のカットサイズが 1 となってしまうからである．アルゴリズムを **Algorithm 15** に，2 辺連結化の例を図 **3.12** に示す.

Algorithm 15 によって，下限である $\lceil L/2 \rceil$ 本の辺付加によって木を 2 辺連結化でき，計算量は $O(n + m)$ である.

一般のグラフの辺連結度増大についても，最小カットを表現するグラフ構造を用いて，「葉」に相当する頂点間に辺付加を行うというものであり，木の 2 辺連結

Algorithm 15 : 木の 2 辺連結化辺付加のアルゴリズム

Input: 木 $T = (V, E)$ $(|V| = n, |E| = m)$

Output: $\lambda(\hat{T} = (V, E \cup F)) \geqq 2$ となる最小本数の辺集合 F

1 T の適当な点を始点として深さ優先探索を行い，探索順に葉に番号を付与し，$\{v_1, v_2, \cdots, v_L\}$ とする

2 **for** $i = 1$ **to** $\lceil L/2 \rceil$ **do**

3 　$F \leftarrow (v_i, v_{i+\lfloor L/2 \rfloor})$ 　　/* $\lfloor L/2 \rfloor$ は $L/2$ の切り下げ */

4 **return** F

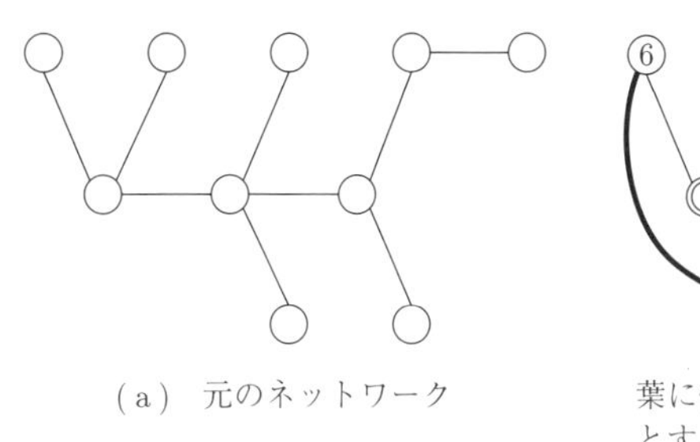

(a) 元のネットワーク

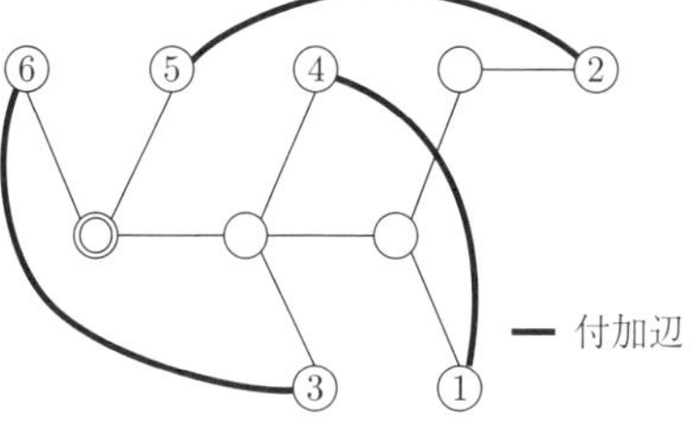

葉に付与されている番号は◎を始点とする深さ優先探索による探索順

(b) 辺付加による 2 辺連結化

図 3.12 辺付加による木の 2 辺連結化

化の考え方を拡張したアルゴリズムを用いて多項式オーダで解ける[6),44)~46)]. グラフ全体の辺連結度ではなく，局所連結度を頂点間ごとに指定されているときに，最小本数の辺を加えることで実現する問題も多項式オーダで解くことができる.

なお，NA 辺連結性に関しても同様に辺付加増大問題が定義される．これについては，最小本数の辺付加により 1–NA 辺連結グラフにすることは NP 困難であること，しかし NA 辺連結度を 2 以上にすることは，多項式オーダの計算量で可能であることがわかっている[48),49)].

一方，同様にして定義される点連結度増大問題に関しては様相がかなり異なる．与えられたグラフの 2 点連結化，3 点連結化問題は多項式時間で解くことができるが，それ以外の場合についてはよくわかっていない．辺連結性と点連

結性の定義は似ているものの，類似の最適化問題であっても性質が全く異なる場合があるが，そのような例の一つである．

上記では，どの頂点間にも辺付加可能としていたが，実際の情報ネットワークにおいては，新規ネットワーク設計のときと同様，任意の通信ノード間に通信リンク敷設可能とは限らない．そこで辺付加が可能な頂点対が入力で限定されている問題を考えることができる．この場合，辺連結度でも点連結度でも一般に NP 困難であることがわかっている[15),50)]．

3.3.2 辺保護・頂点保護設計

ここでは，辺保護及び頂点保護による既設ネットワークの高信頼化に関する設計問題について述べる．

まず，保護された辺や頂点は削除されないものとする．辺連結度の定義においては，任意の k 本の辺の削除によっても常にグラフが連結であるならば，$k+1$ 辺連結というのであった．この考え方を拡張して，保護辺以外の任意の k 本の辺削除に対しても，連結性などに関する所望の条件が常に満たされているようになっていれば，高い信頼性があるといえよう．このとき，限られた本数内でどの辺を保護するかを決定する必要がある．これは，最小の辺数を保護することによって，保護辺以外の任意の k 本の辺削除によっても所望の条件が常に満たされるように保護辺を決定するという最適化問題となる．

満たすべき条件の設定によってさまざまな保護辺決定問題が存在する．例として，通信リンクや通信ノードの障害が発生しても，各ユーザとサーバ（あるいは外部ネットワークとのゲートウェイ）との通信可能性を保つことという条件を考える．人気の高いコンテンツサーバや，外部ネットワークとのゲートウェイとの通信を提供することは通信事業者にとって最低限必要なことであるため，重要な要求条件である．図 **3.13** の問題例は，保護辺が 2 本しか選べないとき，保護辺以外の任意の 2 本の辺削除に対して，サーバに対応する頂点を含む連結成分のサイズを 7 以上にするには，どのように保護辺を設定すればよいかということを問うている．障害発生時でもネットワーク全体が連結していることが

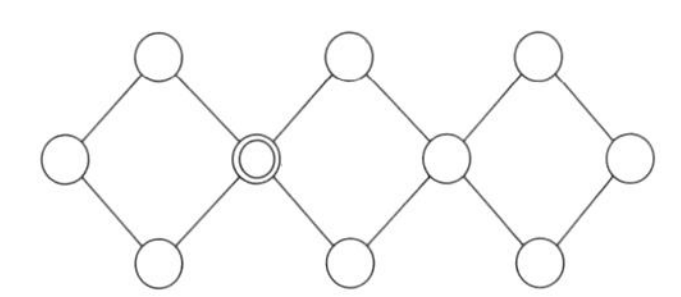

◎の頂点は
サーバに対応
・2本の辺を保護
・保護辺以外の任意の2本の
辺を削除しても，サーバ頂
点を含む連結成分のサイズ
を常に7以上に

（a） 元のネットワーク

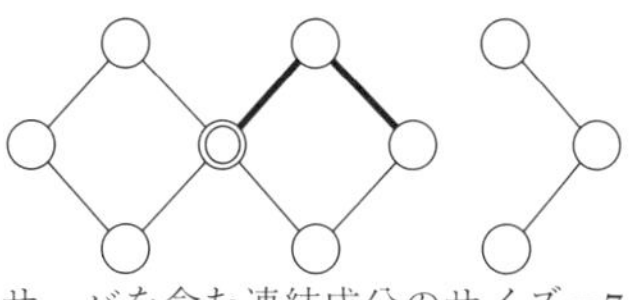

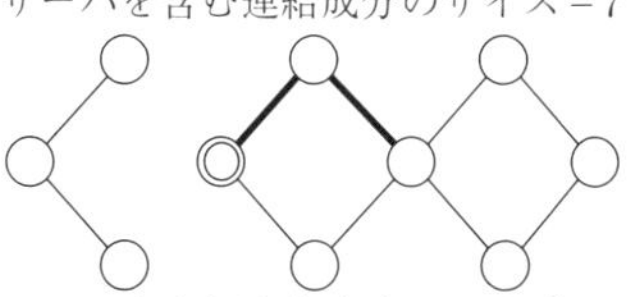

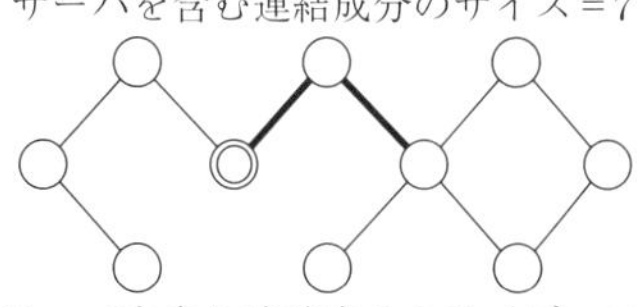

（b） 適切な保護辺による高信頼化

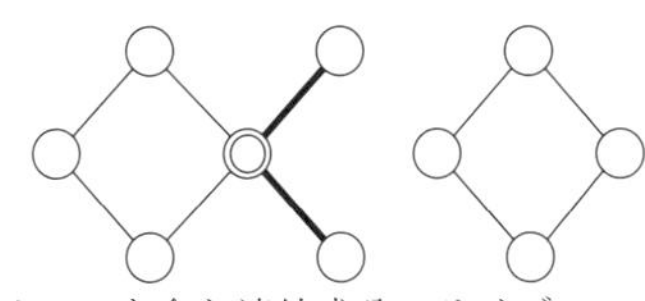

（c） 適切でない保護辺

図 **3.13** 保護辺の例

望ましいが，ここではもう少し条件を緩め，サーバとつながる通信ノード数ができるだけ多いようにしようとしている．

図 (b) のように辺を保護すると，保護辺以外の任意の2本の辺削除に対しても，サーバに対応する頂点を含む連結成分のサイズが7以上である．しかし，図 (c) のように辺を保護すると，削除される辺によっては，サーバに対応する頂点を含む連結成分のサイズが7未満になってしまい，条件を満たさない場合が出てきてしまう．

この問題は，**到達性保障辺保護問題**といわれる．正確に定義しよう．連結無向グラフを $G = (V, E)$（V は頂点集合，E は辺集合，$|V| = n$，$|E| = m$）とする．同時障害リンク数に対応する辺数を表す正整数を k，サーバに対応する頂点 s を含む連結成分のサイズの下限を表す正整数を c とする．また，頂点 s を含む連結成分を H とする．保護辺集合を E_P，削除辺集合を E_K とすると，保護

辺以外の高々 k 本の辺が削除されうるということから，$|E_K| \leqq k, E_K \cap E_P = \emptyset$ でなければならない．この条件件を満たすどのような E_K に対しても，E_K の辺の削除の結果として得られるグラフ $G' = (V, E \setminus E_K)$ において，頂点 s を含む連結成分 H のサイズが c 以上でなければならない．

このような制約条件を満たす保護辺集合 E_P のうち，辺数が最小のものを求めることが目的である．

到達性保障辺保護問題

入　力：連結無向グラフ $G = (V, E)$，$(|V| = n, |E| = m)$，頂点 $s \in V$，正整数 k, c

出　力：保護辺集合 E_P

目　的：$|E_P|$ の最小化

制　約：任意の E_K（ただし $E_K \subseteq E, |E_K| \leqq k, E_K \cap E_P = \emptyset$）に対し，グラフ $G' = (V, E \setminus E_K)$ において頂点 s を含む連結成分 H のサイズが c 以上

到達性保障辺保護問題は，一般には NP 困難であることがわかっている[51)]．しかし，$k = 1$，つまり同時に削除される辺数が 1 であるならば，多項式オーダの計算量で最小本数の保護辺集合を決定することができる[51)]．

以下に，同時に削除される辺数が 1 の場合のアルゴリズム（**Algorithm 16**）について述べる．グラフ上の辺で，その辺を削除することでグラフが連結でなくなる辺を**橋辺**（bridge）という．アルゴリズム中にある $bridge(G)$ は，グラフ G の橋辺の集合を返す関数であり，$disconnect(G \setminus \{b\}, s)$ は，グラフ G から辺 b を削除したグラフ $G \setminus \{b\} = (V, E \setminus \{b\})$ における，頂点 s と連結でない頂点の個数（非連結頂点数）を求める関数である．$bridge(G)$ は深さ優先探索によって $O(n+m)$ の計算量で実行することができる．$disconnect(G \setminus \{b\}, s)$ は，$G \setminus \{b\}$ を深さ優先探索する際に頂点の個数を数えることによって，各連結成分のサイズがわかるため，やはり $O(n+m)$ の計算量で実行することができる．

Algorithm 16 ：到達性保障辺保護（同時削除辺数 1 の場合）

Input: 連結無向グラフ $G = (V, E)$ ($|V| = n, |E| = m$)，頂点 $s \in V$，$k = 1$，正整数 c

Output: 保護辺集合 E_P

1 $E_P \leftarrow \emptyset, i \leftarrow 1$
2 $B \leftarrow bridge(G)$
3 $disconnect(G \setminus \{b\}, s)$（$\forall b \in B$）を計算
4 $disconnect(G \setminus \{b\}, s)$ の値を降順にソートし，$w_1, w_2, \cdots, w_{|B|}$ とする．また，それぞれに対応する B の辺を $b_1, b_2, \cdots, b_{|B|}$ とする
5 **while** $w_i > n - c$ かつ $i \leqq |B|$ **do**
6 　$E_P \leftarrow E_P \cup \{b_i\}$
7 　$i \leftarrow i + 1$
8 **if** $w_i \leqq n - c$ または $i = |B| + 1$ **then**
9 　**return** E_P
10 **else**
11 　**return** 実行不可能

橋辺以外の任意の 1 本の辺の削除に対してグラフは連結を保ち，$|H| = n \geqq c$ を満たすことは明らかなので，橋辺のみが削除辺として選ばれるとしてよい．したがって，保護辺も橋辺のみから選ばれることとなる．グラフ G の各橋辺 b_i について，その辺の削除により頂点 s と非連結になる頂点数が w_i である．w_i の大きさに関して降順に番号付けされているとしても一般性を失わない．このとき，もし $w_i > n - c$ $(i = 1, 2, \cdots, p)$ かつ $w_{p+1} \leqq n - c$ ならば，$E_P = \{b_1, b_2, \cdots, b_p\}$ とすることで，残りの橋辺 $\{b_{p+1}, \cdots, b_{|B|}\}$ のうちどの 1 本の辺を削除されても $|H| = n - w_i \geqq c$ を満たすため，$E_P = \{b_1, b_2, \cdots, b_p\}$ が解となる．また，これ以上保護辺を減らすことはできない．$\{b_1, b_2, \cdots, b_p\}$ のいずれか一つの辺でも保護しないとすると，それが削除されたときに $|H| < c$ となってしまうからである．また，このアルゴリズムの計算量については，$disconnect(G \setminus \{b\}, s)$ を全ての辺について実行するところで $O(m(n + m))$，ソーティングに $O(m)$ の計算量がかかることから，全体で多項式オーダの計算量で済む．以上から，

Algorithm 16 によって，$k = 1$ の場合の到達性保障辺保護問題が多項式オーダの計算量で解ける．

到達性保障辺保護問題については，以下の結果が知られている[51),52)]．まず，$k = 2$ の場合も多項式オーダの計算量で解ける．ただし，アルゴリズムはかなり複雑なものである．$k \geqq 3$ の場合は NP 困難である．また，APX 困難というものでもあるが，これは任意の近似比の近似解を得ることが困難な問題であることを意味している．しかし，現実的な情報ネットワーク設計を考えると，同時 2 リンク障害までを想定することが多いため，実用上十分なアルゴリズムが得られているといえよう．このように，一般的には NP 困難であっても，条件を適切に絞り込むと多項式時間アルゴリズムが得られることもある．

ほかにも，設定する条件によってさまざまな辺保護問題が存在する．例えば，保護辺以外の任意の k 本の辺削除によってもグラフの直径が一定値以下であるように保護辺を決定する問題がある[53)]．これは障害発生時であっても最大の通信遅延を抑制できるような情報ネットワーク設計に対応する．この問題については，$k = 1$ の場合は多項式時間アルゴリズムが存在するが，$k \geqq 2$ では NP 困難であることがわかっている．ただし，近似比が 2 の多項式時間近似アルゴリズムが存在する．そのアルゴリズムによる保護辺数は最小の数より 2 倍まで増加してしまう可能性があるが，数値実験では，現実的な情報ネットワークの形状では多くの場合近似比は小さいことが示されており，実用的には問題ない近似アルゴリズムである．

ここまで辺保護問題について述べてきたが，頂点保護についても同様の設計問題を考えることができる．これは，情報ネットワークにおいて，コスト制約の下で限られた数の通信ノードを頑健化し，それ以外の通信ノードに障害が発生したとしてもネットワークへの影響を可能な限り抑えるという設計問題に対応する．

通信ノード障害に関連する有名な知見として，次数の度数分布がべき乗則を満たすグラフ（スケールフリー性をもつという．スケールフリー性については 7 章で詳しく述べる）においては，次数の大きな頂点を選択的に攻撃して除去すると，わずかな個数の頂点除去であっても小さなサイズの多数の連結成分に分断することが指摘されている[54]．また，次数の大きなノードから順に除去していくと，最大連結成分のサイズの割合（成分中の頂点数/全頂点数）や，最大連結成分以外の成分のサイズの平均値が急激に減少することが示されている．情報ネットワークであれば，連結であることは通信するための最低限の条件であるため，小さなサイズの多数の連結成分に分断されることは望ましくない．

これに対して，グラフ上の保護されていない任意の k 個の頂点の削除に対して，残ったグラフの最小連結成分のサイズが L 以上となるように，最小個数の保護頂点を決定する最適化問題（連結成分サイズ保障頂点保護問題）が考えられている[55]．

図 3.14 に例を示す．頂点 v_2 と v_3 が削除頂点数が最大 3 の場合の最小数の保護頂点である．もし，これらの頂点が保護されていなければ，v_2 だけの削除により最小連結成分のサイズは 1 になってしまう．また，v_3，v_4，そして，v_5 が同時に削除されてしまうと v_6 が孤立点となってしまう．しかし，頂点 v_2 と v_3 が保護されていれば，これらの保護頂点を除く任意の 3 個以下の頂点削除に対して，最小連結成分のサイズは 3 以上となる．

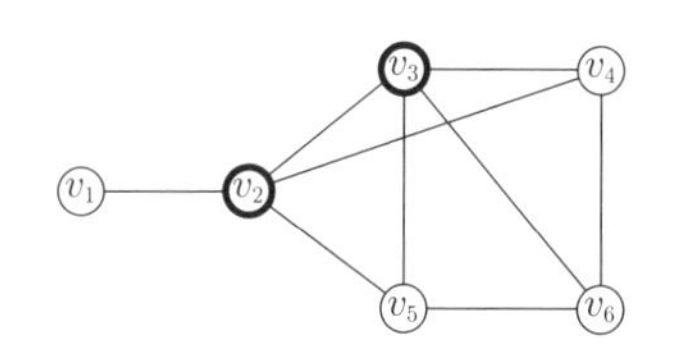

○：保護頂点

削除頂点数が 3 の場合の最小数の保護頂点

図 3.14 頂点保護問題の例

なお，スケールフリー性を有するグラフにおいて，次数の大きな頂点を選択的に削除することにより多数の連結成分に分断しやすいからといって，必ずしも次数の大きな頂点が適切な保護頂点であるとは限らない．そのため，頂点保護問題を解くことによって保護頂点を決定することが必要である．連結成分サイズ保障頂点保護問題を正確に定義してみよう．

連結成分サイズ保障頂点保護問題

入　力：連結無向グラフ $G=(V,E)$ $(|V|=n, |E|=m)$，正整数 k, L

出　力： 保護頂点集合 V_P

目　的： $|V_P|$ の最小化

制　約： 任意の V_K（ただし $V_K \in V, |V_K| \leq k, V_K \cap V_P = \emptyset$）に対し，
グラフ $G' = (V \setminus V_K, E)$ の各連結成分の頂点数は L 以上

連結成分サイズ保障頂点保護問題は一般には NP 困難であることがわかっている[55)]．しかし，$k = 1$，つまり同時に削除される頂点数が 1 であるならば，多項式オーダの計算量で最小個数の保護頂点集合を決定することができる[55)]．以下に，そのアルゴリズム（**Algorithm 17**）について述べる．

Algorithm 17 ：連結成分サイズ保障保護（同時削除頂点数 1 の場合）

Input: 連結無向グラフ $G = (V, E)$ $(|V| = n, |E| = m)$，$k = 1$，正整数 L
Output: 保護頂点集合 V_P

```
1 V_P ← ∅
2 for v ∈ V do
3     if MinComponentSize(G \ {v}) < L then
4         V_P ← {v}
5 return V_P
```

まず $MinComponentSize(G \setminus \{v\})$ は，グラフ G から頂点 v を削除したグラフ $G \setminus \{v\} = (V \setminus \{v\}, E)$ における，連結成分のサイズの最小値を求める関数である．$G \setminus \{v\}$ を深さ優先探索する際に頂点の個数を数えることによって，各連結成分のサイズがわかるため，$O(n + m)$ の計算量で実行できる．

このアルゴリズムは，頂点を一つずつ削除してみて条件を満たさない場合にその頂点を保護するという動作をしている．これで保護されている頂点をどれでも一つ保護しないとすると，その頂点を削除したときに条件を満たさなくなるため，これが最小個数の保護頂点であることがわかる．したがって，Algorithm 17 によって，$k = 1$ の場合の連結成分サイズ保障頂点保護問題が多項式オーダの計算量で解ける．

連結成分サイズ保障頂点保護問題については，$k=2$ の場合で既にNP困難である[55]．しかし，削除頂点数を定数に限定した場合，定数近似比のアルゴリズムが存在する[56]．例えば $k=2$ の場合に近似比2の多項式時間近似アルゴリズムが存在する．ここで，「定数」の意味は，グラフの頂点数や辺数などは変数として変わりうるが，削除頂点数は問題例によらず常に一定値をとるものとするという意味である．

以下に，定数近似比アルゴリズムを述べる．基本的な考え方は，連結成分サイズ保障頂点保護問題の問題例を，ハイパーグラフの頂点被覆問題の問題例に変換し，後者の問題に対する近似アルゴリズムを実行するというものである．ここで**ハイパーグラフ**（hyper graph）とは，通常のグラフにおいては一つの辺が2個の頂点で定義されていることに対し，複数の頂点によって一つのハイパー辺が定義されているものである．ハイパーグラフは，頂点集合 V とハイパー辺集合 E_H の組 $H=(V,E_H)$ として定義される．定義より，ハイパー辺 $e(\in E_H)$ は，V の部分集合であり，e に含まれる頂点のことを端点という．ハイパーグラフの頂点被覆問題とは，ハイパーグラフ $H=(V,E_H)$ を入力とし，全てのハイパー辺 $e\in E_H$ について，その端点を少なくとも一つ含む最小の頂点部分集合 $\widehat{V}$ を求める最適化問題である．ハイパーグラフを通常のグラフに限定した**頂点被覆問題**（vertex cover problem）はよく知られたものであるが，その拡張となっている．頂点被覆問題はNP困難であることが知られているが[39]，良い近似アルゴリズムがあるため，ここではそれを利用する．アルゴリズム $VCapprox(H)$（**Algorithm 18**）は，ハイパーグラフ H（ただし，ハイパー辺に含まれる頂点数の最大値が k）を入力としたとき，頂点被覆問題の近似比 k の近似解を出力するアルゴリズムである．

Algorithm 19 の動作例を示す．問題例を $G=(V,E)$（図**3.15**），$k=3$，$L=2$ とする．つまり，図のグラフにおいて，保護点以外の3個以下のどのような頂点削除に対しても，残されたグラフに孤立点が存在しないように，最小個数の保護点集合 V_P を決定する問題例である．まず，$k=1$ の場合の保護点集合を決定する．グラフ G から v_7 とそれに接続する辺を除いたとき，グ

Algorithm 18：ハイパーグラフ頂点被覆に対する近似アルゴリズム

Input: ハイパーグラフ $H = (V, E_H)$

Output: 頂点集合 W

1 $W \leftarrow \emptyset$，全ての $v(\in V)$ を未選択とする
2 **for** 全てのハイパー辺 $e(\in E_H)$ **do**
3 　**if** ハイパー辺 e の全ての端点が未選択 **then**
4 　　ハイパー辺 e の全ての端点を選択済に変更
5 　　$W \leftarrow W \cup \{e$ の全ての端点$\}$
6 **return** W

Algorithm 19：連結成分サイズ保障保護（同時削除頂点数 k の場合）

Input: 連結無向グラフ $G = (V, E)$ $(|V| = n, |E| = m)$，定数 k，正整数 L

Output: 保護頂点集合 V_P

1 $V_P \leftarrow \emptyset, i \leftarrow 1$
2 **while** $i \leqq k$ **do**
3 　ハイパー辺集合 $E_H \leftarrow \emptyset$
4 　**for** 全ての部分集合 $V_i(\subseteq V \setminus V_P, |V_i| = i)$ **do**
5 　　**if** $MinComponentSize(G \setminus \{V_i\}) < L$ **then**
6 　　　$E_H \leftarrow E_H \cup$ ハイパー辺 $\{V_i\}$
7 　$W_i \leftarrow VCapprox(H_i = (V, E_H))$，$V_P \leftarrow V_P \cup W_i$，$i \leftarrow i + 1$
8 **return** V_P

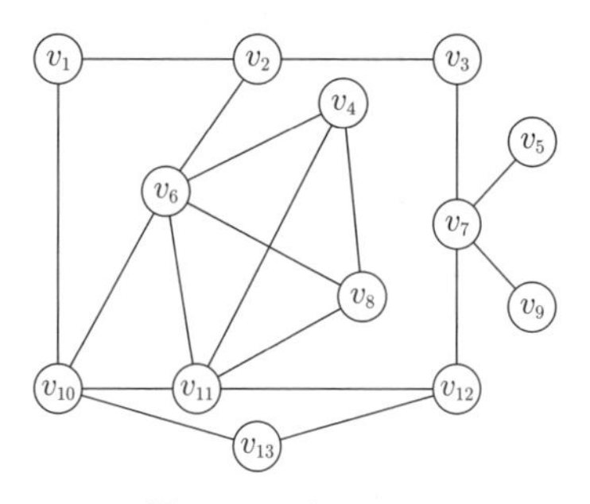

図 **3.15**　グラフ G

ラフの各連結成分のサイズの最小値が 2 より小さくなるため，v_7 が保護頂点となる．つまり，$k=1$ の場合の保護頂点集合は $V_P=\{v_7\}$ である．この場合は $k=1$ の場合の Algorithm 17 と同じ動作を行うため，最適解が得られている．次に，$k=2$ の場合の保護頂点集合を決定することになる．グラフ G から保護頂点以外の任意の二つの頂点を削除し，残ったグラフに孤立点が存在するような 2 頂点の集合をハイパーグラフ H_2 のハイパー辺とすることになる．そのような組合せは $\{v_2,v_{10}\}$ と $\{v_{10},v_{12}\}$ であり，ハイパーグラフ $H_2=(V,E_H)(E_H=\{\{v_2,v_{10}\},\{v_{10},v_{12}\}\})$ は図 **3.16** のようになる．H_2 において，アルゴリズム $VCapprox(H_2)$ (Algorithm 18) により，$W_2=\{v_{10},v_{12}\}$

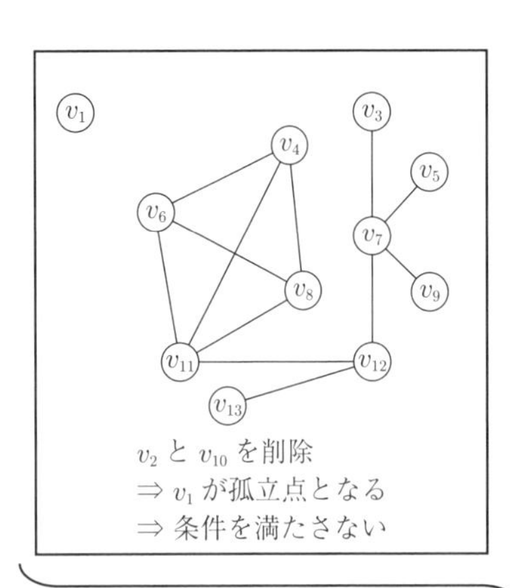

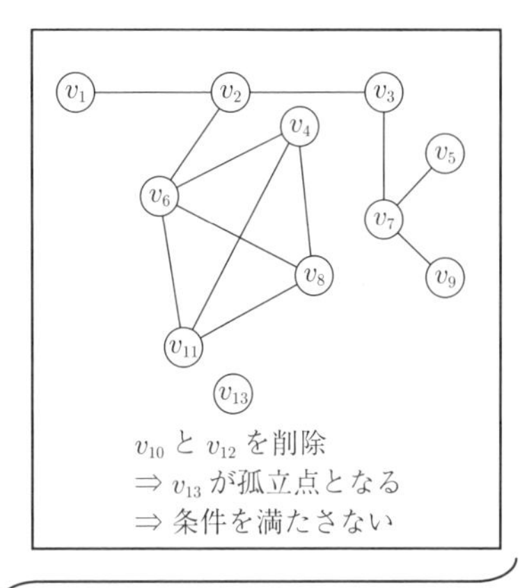

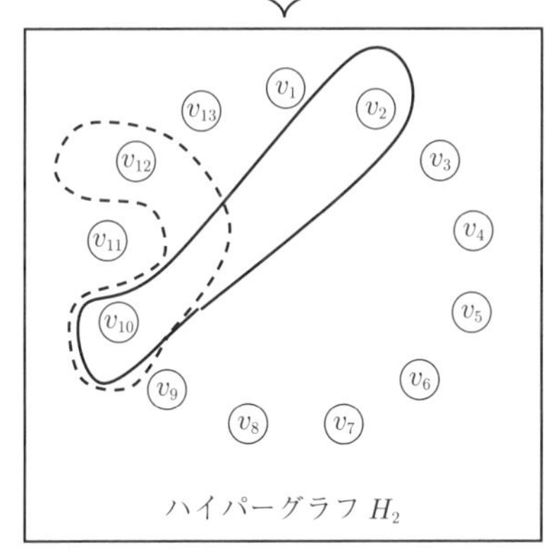

図 **3.16** ハイパーグラフ $H_2=(V,E_H)$

となり，W_2 が保護点集合となる．これより，$k \leqq 2$ の場合の保護頂点集合は $V_P = \{v_7, v_{10}, v_{12}\}$ となる．最後に $k = 3$ の場合の保護点集合を決定する．保護頂点以外の任意の 3 頂点をグラフ G から削除し，グラフに孤立点が存在する場合はその 3 頂点をハイパー辺とする．このようにしてできるハイパーグラフ H_3 を図 **3.17** に示す．H_3 において，アルゴリズム $VCapprox(H_3)$ により，$W_3 = \{v_1, v_3, v_6\}$ となり，W_3 が保護点集合となる．これより，$k \leqq 3$ の場合の保護頂点集合は $V_P = \{v_1, v_3, v_6, v_7, v_{10}, v_{12}\}$ となる（図 **3.18**）．上記の例からわかるように，ハイパー辺は削除頂点集合に対応するため，ハイパー辺の端点が全て削除されてしまうと条件を満たさなくなる場合，そのハイパー辺の

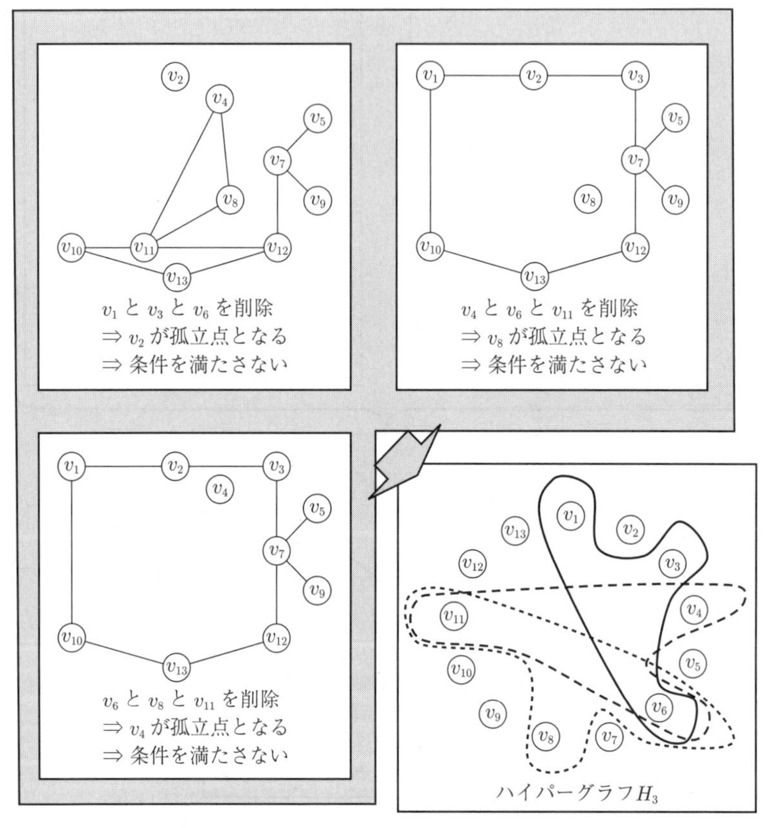

図 **3.17**　ハイパーグラフ $H_3 = (V, E_H)$

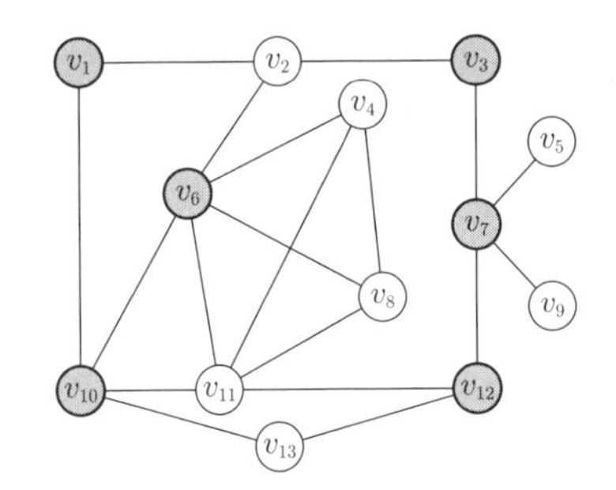

図 3.18 $k=3$ の場合の保護頂点

端点の少なくとも一つは保護されていなければならない．そのように保護頂点を決めることは，ハイパーグラフの頂点被覆問題を解くことと等価である．この問題に対する近似比 k のアルゴリズムを用いて近似解を得ると，それが元の連結成分サイズ保障頂点保護問題の近似比 k の解になっている．アルゴリズム $VCapprox$ はハイパーグラフの頂点被覆問題の k 近似アルゴリズムであることが知られているため，Algorithm 19 によって，連結成分サイズ保障頂点保護問題に対する近似比 k の解が得られる．計算量に関しては，k が定数であれば，$i\ (\leq k)$ 個の頂点の組合せの総数は頂点数に関する多項式オーダであるため，for ループは多項式オーダの回数しか実行されず，while ループは定数 k 回しか回らず，ほかの処理は多項式オーダの計算量で実行できることから，全体でも多項式オーダの計算量である．なお，k が定数でなければ，組合せの総数は k の指数オーダであることから，計算量は多項式オーダでは収まらない．

図 3.19 は，ある情報ネットワークのグラフ構造に対して $k=3$，$L=16$ と

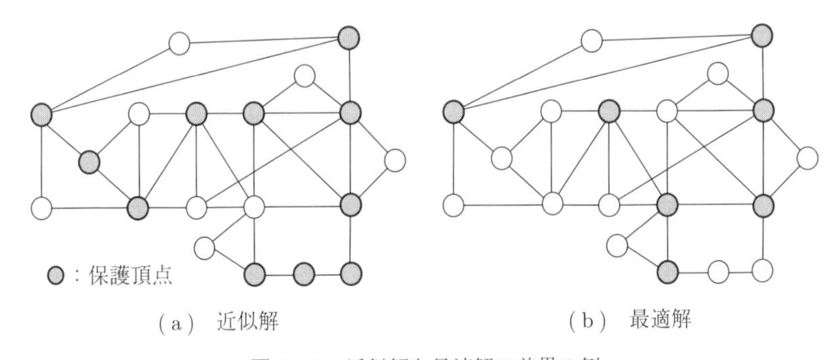

図 3.19 近似解と最適解の差異の例

した場合の近似解と最適解の差異を示している．近似アルゴリズムでは最適解よりも保護頂点数が多くなってしまう場合もあるが，$k = 3$ ならば高々 3 倍以内であることは保証されている．実際の情報ネットワークのグラフ構造の場合は 1.3 倍以内に収まっており[56)]，十分良い近似解が得られるといえる．

アルゴリズム研究と社会

アルゴリズムや最適化に関する研究は，現実の社会とは関係がありそうだとはいえ，実際のところは理論研究に留まっているのではないかと思う読者もいるかもしれない．しかし，社会を大きく動かしている企業を支える技術にアルゴリズムや最適化の研究が必要不可欠な形で入り込んでいることも多い．

本章でも触れたミラーサーバは，現在では動画配信などさまざまなコンテンツデリバリネットワーク（CDN）事業では当然のように用いられている．CDN 事業を行っている企業の一つであるアカマイテクノロジーズ（Akamai Techonologies）でも，全世界に数万台という膨大な数のミラーサーバやキャッシュサーバを用いて，ユーザが WWW サービスを遅延なく高い信頼性で利用できる環境を提供しており，多くの有名な企業のホームページやコンテンツ配信インフラとして利用されている．興味深いのは，この企業は，マサチューセッツ工科大学（MIT）教授であり，アルゴリズムの理論研究で有名なライトン（F. Thomson Leighton）らによって 1998 年に設立され，アルゴリズムや離散数学の研究者も関わっているという点である．

今や検索サービスで知られている Google も，ページランクという概念に基づくページの重要性の評価尺度を用いて，精度の高い検索結果を提供したことが成長のきっかけの一つであった．このページランクは，Web ページ間の参照関係を表す Web グラフのある数学的性質を利用した概念である．グラフの隣接行列に似た行列の固有値 1 に対する固有ベクトルがページランクに対応するが，それが何を意味しているのか，興味のある読者は調べてみるとよい．

これらに限らず，最近注目を集めているビッグデータの解析に関しても，膨大なデータを高速で処理する必要があるため，高度なアルゴリズムの設計が必要不可欠であり，それができるような人材が渇望されている．

数学を机上の空論と遠ざけたり，逆に理論だけに耽溺（たんでき）するのではなく，現実の世界とうまく結び付けて実際に使いこなそうとする者が社会的にも成功を収めている良い例であろう．

章末問題

【1】図 **3.20** のグラフ G_1 において，頂点 v, w 間の局所辺連結度，局所点連結度を求めよ．また，グラフの辺連結度と点連結度も求めよ．

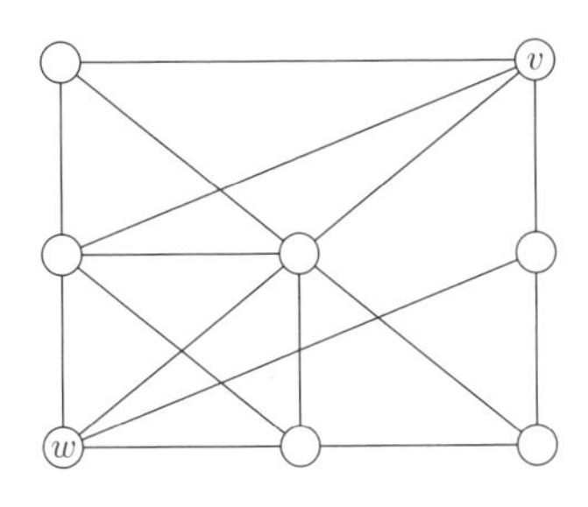

図 **3.20**　グラフ G_1

【2】図 **3.21** のグラフ G_2 において，頂点 v と領域 W の間の NA 辺連結度及び NA 点連結度を求めよ．

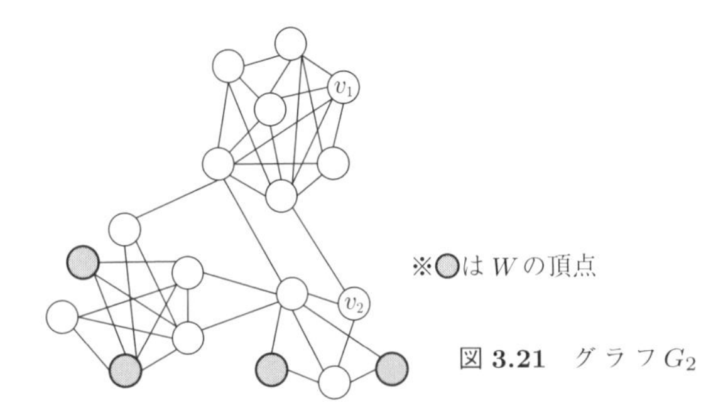

図 **3.21**　グラフ G_2

【3】クルスカル法及びプリム法をそれぞれ適当なプログラミング言語で実装し，隣接リストで表されたネットワークを入力として最小木を出力するプログラムを書け．

【4】図 **3.22** のグラフ G_3 に関して次の問いに答えよ．

(a) 各頂点の MA 順序と各辺の順位を求めよ．

(b) G_3 の全域部分グラフ G' であって，2 辺連結性を保存し，辺数が $2(|V|-1)$ 以下であるものを求めよ．

(c) G_3 に辺を付加することによって 3 辺連結グラフにするためには，最小限の本数の辺をどこに付加すればよいか．

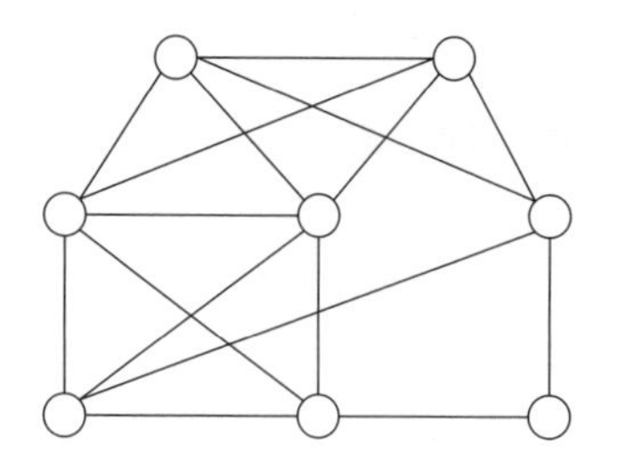

図 **3.22**　グラフ G_3

【 5 】 図 **3.23** のグラフ G_4 に関して，保護辺以外の任意の 2 本の辺削除によってもサーバに対応する頂点を含む連結成分のサイズが 8 以上であるように，最小本数の保護辺集合を決定せよ．

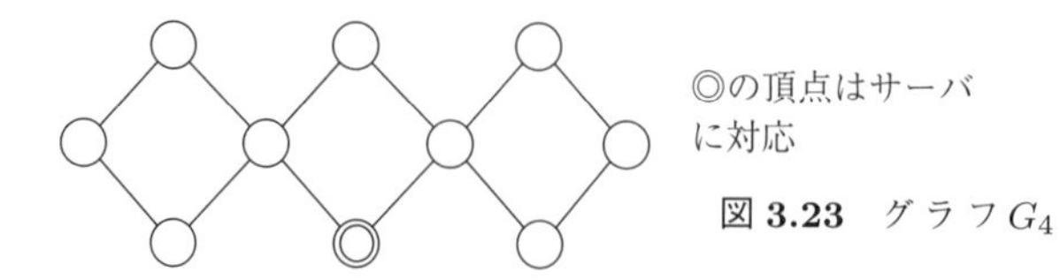

図 **3.23**　グラフ G_4

【 6 】 図 **3.24** のグラフ G_5 に関して，保護点以外の任意の 2 個の頂点削除によっても常に連結であるようにするための，最小個数の保護頂点集合を決定せよ．

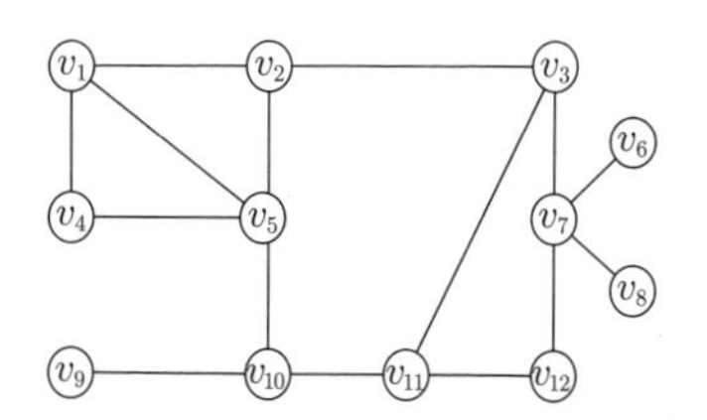

図 **3.24**　グラフ G_5

第4章 ネットワークの信頼性をより正確に測るには

3.1 節では，連結度によってネットワークの信頼性を評価した．連結度が高いほどネットワークは信頼できると考えてよいだろうか．実際には，リンクやノードによって壊れやすさは異なる．地中に埋められた光ファイバより，河川を橋に沿って渡されている光ファイバは，事故や災害によって切断される可能性が高くなる．頑強な通信局内に設置されたノードより，山腹に剥き出しの状態で設置された簡易な無線中継局は故障しやすいだろう．つまり，ネットワークの連結度が高くても，リンクやノードが壊れやすければ，連結である「確率」は低いかもしれない．逆に，連結度が低くても，リンクやノードが滅多に故障しないのであれば，信頼性は高いかもしれない．

本章では，連結確率を考慮したネットワーク信頼性の評価手法を紹介する．

4.1 ネットワークの信頼性

図 4.1(a) のように◯で示した灰（色）ノード間の辺連結度が 1 のとき，リンク故障率が 10%であれば灰ノード間に経路が存在する確率は $0.9^2 = 81\%$となる（簡単のためノード故障は無視する）．一方で，図 (b) のように辺連結度が

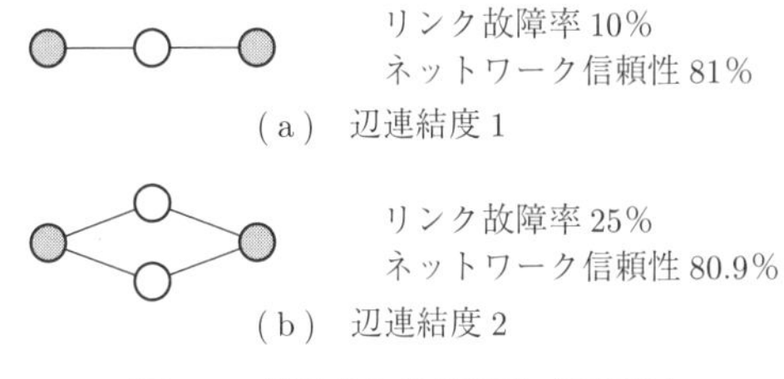

図 4.1 連結度と連結確率（信頼性）

2 であっても，リンク故障率が 25%であれば灰ノード間に経路が存在する確率は $1-(1-0.75^2)^2 \fallingdotseq 80.86\%$とほぼ同じになる．このように，ネットワークの信頼性を評価するためには，連結度に加えて連結確率を考慮することが求められる．

図 4.1 のように小さなネットワークであれば，簡単に連結確率を計算できる．しかし，ノードやリンクが増えるにつれて，確率計算は極めて複雑になる．これは，ネットワークに存在する経路が急激に増加するためである．例えば，**図 4.2** の小さな格子グラフでも，同じところを通らずに左上から右下に到達する経路は全 12 通りもある．

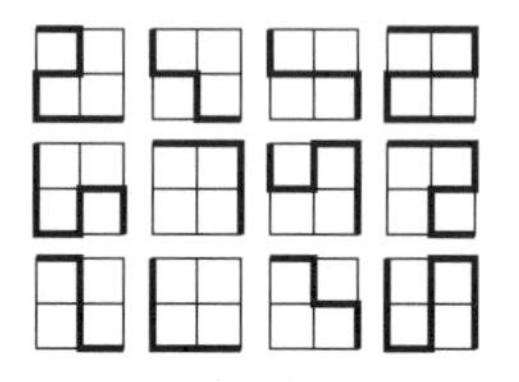

図 4.2　2×2 格子グラフと対角頂点間の経路（全 12 通り）

表 4.1 に示すように，格子を大きくしていくと経路は天文学的な数へと急激に増えていく．たとえスーパコンピュータを利用しても，10×10 格子グラフの全ての経路を個別に考慮して連結確率を計算することはできない．

表 4.1　正方格子グラフの経路数と連結サブグラフ数

一辺のマス数	経路数	連結サブグラフ数
1	2	7
2	12	1 135
3	184	3 329 245
4	8 512	167 176 484 530
5	1 262 816	140 386 491 543 732 211
6	575 780 564	1 946 586 793 700 869 420 041 631

本章では 1.2.5 項で紹介した**動的計画法**の考え方を応用して，与えられた k 個のノード間に経路が存在し，連結確率を計算する．これは ***k* 端末ネットワーク信頼性**（k–terminal network reliability）と呼ばれる重要な問題であり，これまでによく研究されている[58),63),64)]．表 4.1 に示した膨大な数の経路を個別に扱うことなく，効率的に連結確率を計算できる．本章のゴールは，**BDD**（Binary

Decision Diagram, 二分決定グラフ）というデータ構造を生成するアルゴリズム Build と，BDD を用いて確率を計算するアルゴリズム Prob を理解することである．

BDD の特徴と応用分野

4〜6 章では, BDD を用いた数理的技法をいくつか紹介する．BDD は, 1986 年にカーネギーメロン大学の R. Bryant によって考案されたデータ構造であり，任意の論理関数をコンパクトに圧縮して表現できる[57]．通常の圧縮手法と異なり，解凍することなく圧縮したままデータを操作できるため（例えば，5 章の論理積・論理和アルゴリズムを参照），記憶容量と計算時間をともに節約できるという優れた特徴をもつ．当初は LSI 設計における論理合成手法として実用化されたが，現在ではリスク分析やベイズ推定，データマイニングなど幅広く利用されている．情報ネットワークにおいても，本書で紹介する信頼性評価や最適化，設定検証に加え，パケット分類[60] やトラフィック測定[66]，経路制御[62] など研究対象を広げている．なお，BDD を利用したアルゴリズムの理論計算量は指数的に増加し，最悪の場合を抑制することはできない．しかし，これまでの応用研究により，実際の計算コストは低く抑えられることが経験的に知られている．4〜6 章で紹介する問題のほとんどが NP 困難であるが，BDD の導入によって現実的な規模でも解けるようになった．

4.2 素 朴 な 方 法

まず，連結確率を計算する最も素朴な方法から始める．図 **4.3** に示すネットワーク $G = (V, E)$ で，三つのノード $U = \{v_1, v_3, v_4\} \subseteq V$ の連結確率を考える．このネットワークの各リンクは，故障・稼働のいずれかの状態をとるもの

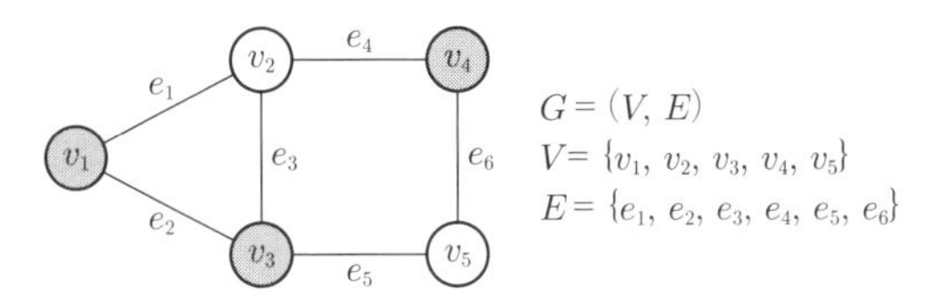

図 **4.3**　このネットワークを例に，ノード v_1, v_3, v_4 の連結確率を計算する

とする．リンク i の状態を変数 $x_i \in \{0,1\}$ で表し，故障・稼働をそれぞれ 0, 1 とする．ネットワーク全体の状態は $\boldsymbol{x} = (x_1, x_2, \cdots, x_m) \in \{0,1\}^m$ と表される．ここで $m = |E|$ はネットワークのリンク数である．全てのリンクが故障していれば $(0,0,\cdots,0)$ であり，全て稼働していれば $(1,1,\cdots,1)$ となる．m 本のリンクそれぞれについて 2 通りの状態があるため，ネットワーク全体では 2^m 通りの状態が存在する．例えば，図 4.3 のネットワークは，$2^6 = 64$ 通りの状態をもつ．

この 64 通りから，v_1, v_3, v_4 が連結された状態を選択すると，**図 4.4** のように 23 通りある．図左がベクトル表記，右が対応するネットワーク状態である（スペースの都合により，ネットワーク状態は最初の三つのみを示す）．稼働リンク $(x_i = 1)$ は実線で示してあり，故障リンク $(x_i = 0)$ は除去してある．23 通りのネットワーク状態は互いに排反であり，同時に実現することはない．23 通りそれぞれについて実現確率を計算し，それらの和をとれば，v_1, v_3, v_4 の連結確率を得られる．リンク e_i の稼働率を p_i，故障率を $1 - p_i$ とすると，e_i が状態 x_i である確率は $x_i p_i + (1 - x_i)(1 - p_i)$ となる．

また，ネットワーク状態 $\boldsymbol{x}$ の実現確率 $\Pr(\boldsymbol{x})$ は次式となる．

$$\Pr(\boldsymbol{x}) = \prod_{i=1}^{m} \left\{ x_i p_i + (1 - x_i)(1 - p_i) \right\} \tag{4.1}$$

連結されたネットワーク状態の集合を X とすると，いずれかの状態が実現される確率は

$$\sum_{\boldsymbol{x} \in X} \Pr(\boldsymbol{x}) \tag{4.2}$$

となる．

この方法は単純でわかりやすいが，表 4.1 に示したように連結状態は経路より多くなるため計算量が急激に増大する．ところで，23 通りの状態をみると，よく似たものばかりであることに気づく．例えば，$(0,1,0,0,1,1)$ と $(0,1,0,1,1,1)$ は x_4 が異なるのみであり，確率を計算するときは x_4 を除いて同じ計算を重複して行うことになる．このように共通する部分問題を繰り返し解いているとき

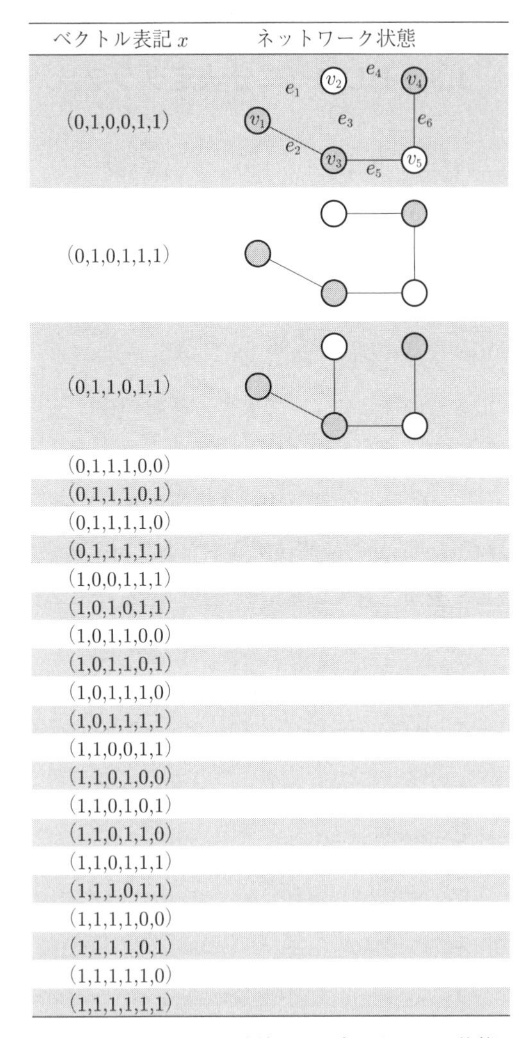

ベクトル表記 x	ネットワーク状態
(0,1,0,0,1,1)	
(0,1,0,1,1,1)	
(0,1,1,0,1,1)	
(0,1,1,1,0,0)	
(0,1,1,1,0,1)	
(0,1,1,1,1,0)	
(0,1,1,1,1,1)	
(1,0,0,1,1,1)	
(1,0,1,0,1,1)	
(1,0,1,1,0,0)	
(1,0,1,1,0,1)	
(1,0,1,1,1,0)	
(1,0,1,1,1,1)	
(1,1,0,0,1,1)	
(1,1,0,1,0,0)	
(1,1,0,1,0,1)	
(1,1,0,1,1,0)	
(1,1,0,1,1,1)	
(1,1,1,0,1,1)	
(1,1,1,1,0,0)	
(1,1,1,1,0,1)	
(1,1,1,1,1,0)	
(1,1,1,1,1,1)	

図 4.4　v_1, v_3, v_4 が連結されたネットワーク状態

は，動的計画法の考え方に従って重複を省ければ，計算量を大幅に削減できる可能性がある．

4.3 BDD（二分決定グラフ）

BDDというデータ構造を用いてネットワークの状態を表す．BDDでは，ネットワーク状態を**図4.5**下のような有向グラフとして表現する．ネットワークとBDDはともにグラフであるから，混乱を避けるため次のように呼び分けることにする．ネットワークでは，頂点をノードと呼び，辺をリンクと呼ぶ．BDDでは，頂点を節点と呼び，辺を枝と呼ぶ．リンクe_iの状態を，x_iというラベルを与えた節点から出る枝の種類によって表す．破線の枝は$x_i=0$を表し（0枝と呼ぶ），実線の枝は$x_i=1$を表す（1枝と呼ぶ）．そして，これらの枝を次のリンク状態x_{i+1}へとつなぐ．全てのリンク状態を表したら，⊤という終端節点につなぐ．BDDでは，部分的に共通するネットワーク状態がまとめられ，異なる部分のみ分岐して表現されている．例えば，図左に示す三つのネットワーク状態は，図右のように一つのグラフにまとめられる．x_1を表す根節点から⊤終端節点への三つの経路が各ネットワーク状態を表す．なお，⊤は論理における「真」を表し，⊤終端節点に到達する経路（状態）が有効であることを意味

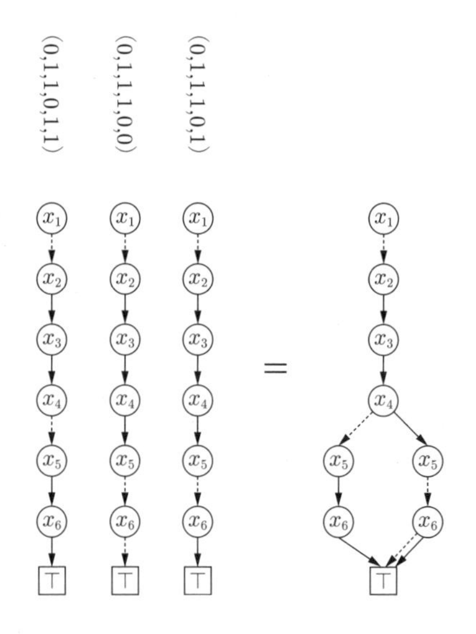

図4.5　ネットワーク状態を表すBDDの例

する．あとで導入する ⊥ は「偽」を表し，⊥ 終端節点に到達する経路は無効となる．文献によっては，「⊤ あるいは ⊥」終端節点ではなく，「1 あるいは 0」終端節点と呼ぶこともある．

さて，BDD を用いると，図 4.4 に示した 23 通りのネットワーク状態を**図 4.6** のように表現できる．状態ごとに別々に列挙した図 4.4 に比べ，共通部分をまとめることでコンパクトになる．また，詳しくは後で述べるが，連結確率の計算においても重複を省くことができる．しかし，全ての連結状態を列挙してから共通部分をまとめる方法では，結局，図 4.4 のように連結状態を列挙しなければならないので，表 4.1 に示したように，連結状態は急激に増大してしまうため，大きなネットワークを扱えなくなる．そこで，個々の状態を列挙することなく，図 4.6 のような BDD を直接構築するアルゴリズムを紹介する．

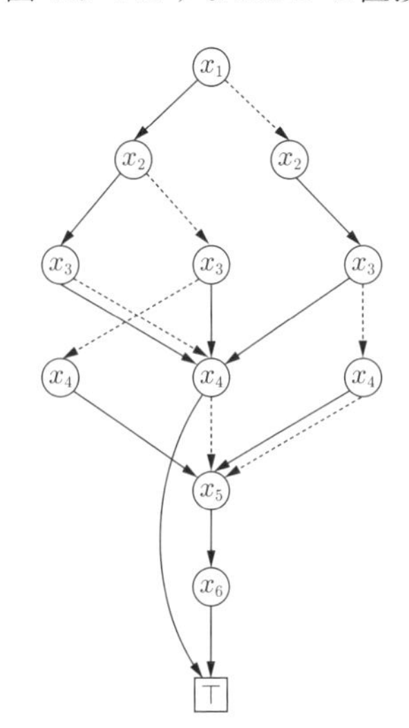

図 4.6 図 4.3 のネットワークの連結状態を表す BDD

4.4 連結状態を表す BDD 構築アルゴリズム Build

このアルゴリズムは，リンク状態を x_1 から x_m まで一つずつ順に決めながら，上から下へと BDD を直接構築していく．

まず，リンク状態 x_1 を決定し，新たなネットワーク状態を表す BDD 節点を生成する．**図 4.7** は，いずれのリンク状態も決定されていない初期状態（全てのリンクが未決定を意味する破線で表された状態）から，リンク e_1 の状態を稼働 $(x_1 = 1)$ あるいは故障 $(x_1 = 0)$ に決定して，二つの新たな状態を生成する様子を表す．なお，これは図 4.6 の上から 2 段目までに相当する．

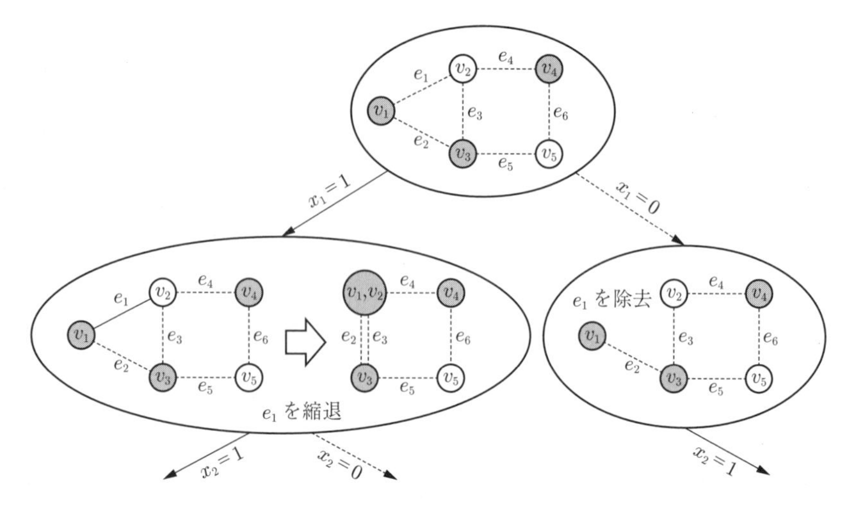

図 4.7　リンク状態 x_1 を決定し，新たなネットワーク状態を生成する

- リンク状態を稼働に決定したときは，リンクの両端ノードが連結になると決まるため，そのリンクを縮退する（リンクの両端ノードを一つにまとめる）．図 4.7 では，リンク e_1 を稼働に決定した左下の状態において e_1 のみが実線になっている．更に，e_1 を縮退して，v_1 と v_2 を一つのノードにまとめる．なお，縮退ノードが連結対象ノード U のいずれかを含むときは，灰色の丸（◎）で表す．
- リンク状態を故障に決定したときは，そのリンクを除去する．図 4.7 においてリンク e_1 を故障に決定した右下の状態では，e_1 がなくなっている．

生成された状態によっては，BDD に新たな節点が作られないことがある．以下にそのルールを説明する．

- 縮退・除去によって得られたいくつかのネットワーク状態が「等価」になることがある．このとき，それらはBDDの同じ節点にまとめられる．**図4.8**はリンクe_3まで状態を決定し，e_4の状態を決定するところであり，図4.6の上から4段目にある右から二つの頂点に対応する．先ほどと同様に新たに三つの状態を生成したところ，集約されたノードの種類は異なるものの，いずれも同型のグラフとしてネットワーク状態が表されている．よって，残るe_5, e_6の状態が同じであれば，連結状態も同じになると考えられる．このように，同型のグラフとして表されるネットワーク状態は等価であり，区別する必要がない．
- 連結対象ノードUが一つに縮退されたときは，残りのリンクの状態に関

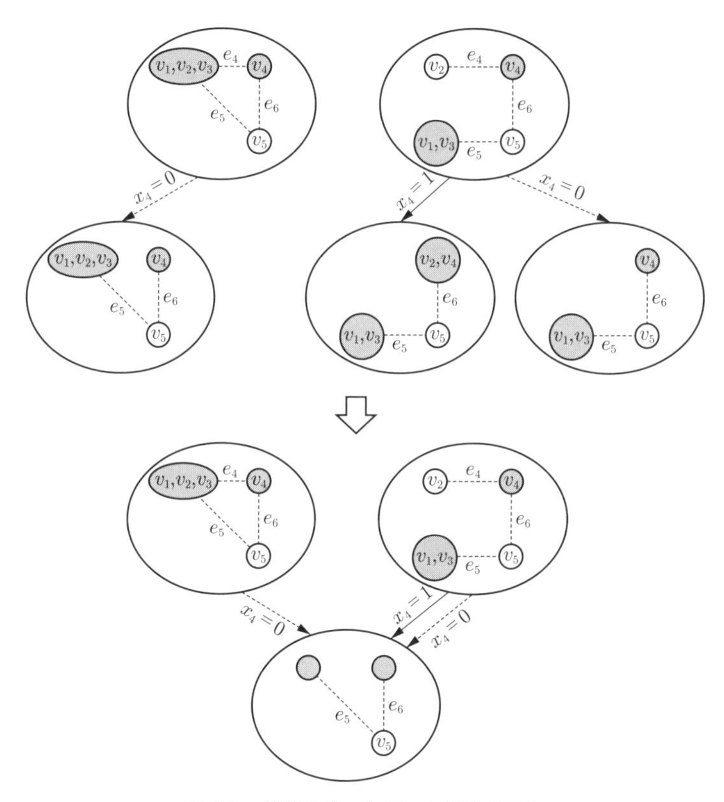

図 **4.8** 等価なネットワーク状態の集約

わらず連結であることが決まるため，BDD の終端節点 ⊤ へとつなぐ．**図 4.9** はリンク e_3 まで状態を決定したところであり，図 4.6 の 4 段目にある中央の頂点に対応する．ここで e_4 を稼働に決定すると $(x_4 = 1)$，v_1, v_3, v_4 が一つのノードに縮退される．残る e_5, e_6 の状態に関わらず連結であることが決定され，ここでの探索を終了し，終端節点につなぐ．

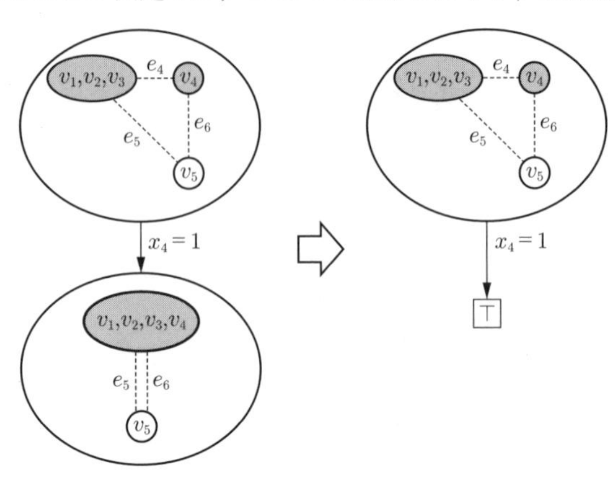

図 4.9　連結であることが決定した状態

- 二つのノードが非連結になったときには，その先の探索を行わなくてよい．**図 4.10** はリンク e_1 の状態を決定したところであり，図 4.6 の 2 段目の右の頂点に対応する．ここで，e_2 を故障に決定すると $(x_2 = 0)$，v_1

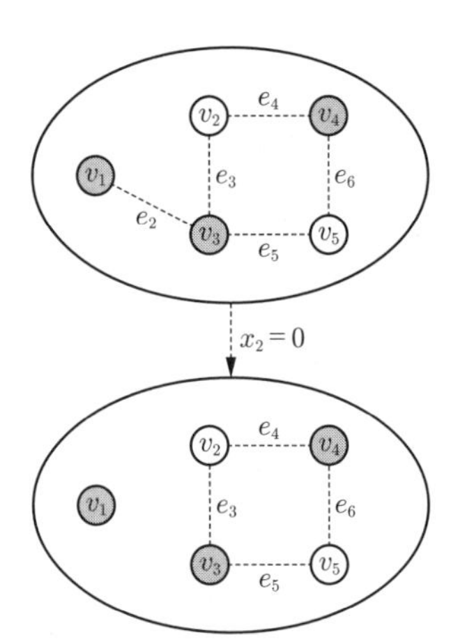

図 4.10　非連結であることが決定した状態

は孤立し，v_3, v_4 に連結される可能性がなくなる．このため，この先の探索を終了する．図 4.6 で x_2 の 0 枝がないのはこのためである．あるいは，後述のように無効を表す終端節点 ⊥ につないでもよい．

これらのルールを繰り返し適用し，BDD を構築する様子を図 **4.11** に示す．

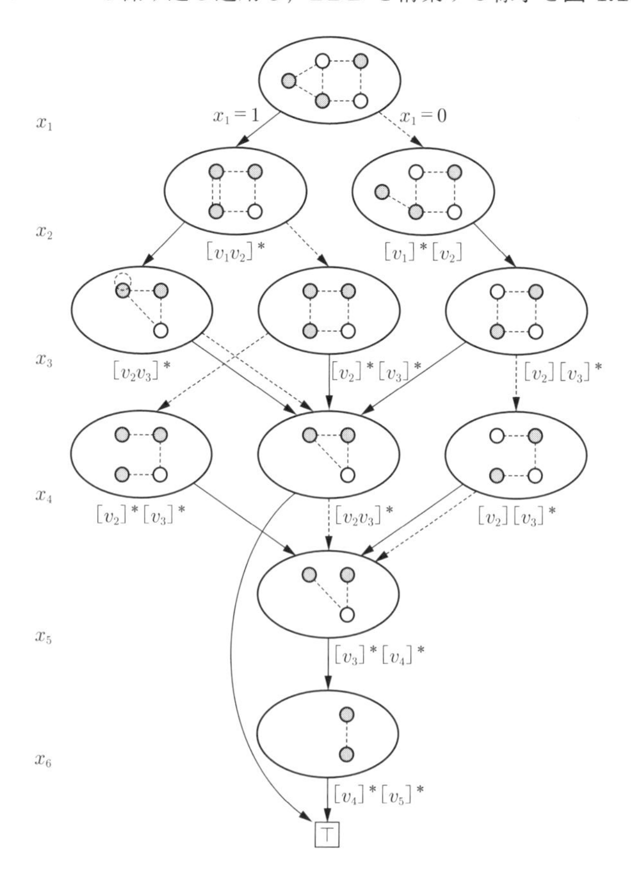

図 **4.11**　図 4.6 の BDD を構築する様子

任意のネットワークで連結状態の BDD を構築するために，一連のルールをアルゴリズム BUILD として **Algorithm 20** に定義する．1 行目で，初期状態の節点だけの集合 S_1 を作成しておく．S_i は，ラベル x_i の節点を保存するため

Algorithm 20：BUILD(G)：連結なネットワーク状態を表す BDD の構築

```
  Input: G = (V, E), U            /* ネットワークのグラフと連結対象ノード */
  Output: ⋃_{i=1}^{m} S_i                          /* BDD 節点の集合 */
1 S_1 ← {[graph]}                                     /* BDD の根節点 */
2 for e_i ∈ E do
3   S_{i+1} ← ∅          /* リンク e_i の状態を決める前の BDD 節点の集合 */
4   for s ∈ S_i do
5     for x_i ∈ {0, 1} do
6       s' ← NewBddNode(s, x_i)                              /* 図 4.7 */
7       if s' connects U then                                /* 図 4.9 */
8         s.x_i ← ⊤
9       else if s' disconnects U then                       /* 図 4.10 */
10        s.x_i ← ⊥                        /* ⊥ は非連結な状態を表す */
11      else if s' ∈ S_{i+1} then                            /* 図 4.8 */
12        s.x_i ← s'
13      else
14        s.x_i ← s'
15        S_{i+1} ← S_{i+1} ∪ {s'}
16 return ⋃_{i=1}^{m} S_i
```

の集合である．2 行目からのループでリンク e_i を一つずつ処理し，BDD を上から 1 段ずつ構築していく．5 行目からのループで節点 $s \in S_i$ の 0 枝と 1 枝を設定する．具体的には，6 行目で図 4.7 のように 0 枝あるいは 1 枝の節点 s' を生成し，7〜15 行目で枝先の節点を設定する．節点 s' で U の全ノードが連結されるなら枝を ⊤ 終端節点につなぎ（7〜8 行目），非連結になるなら ⊥ 終端節点につなぐ（9〜10 行目）．なお，ここまで非連結になるときは枝を省略していたが，以降は無効を表す ⊥ 終端節点につないでおく．11〜12 行目で等価な節点を見つける．見つからなければ，15 行目で s' を S_{i+1} に保存する．

素朴な列挙法では，23 のネットワーク状態を列挙した．一方，BDD は終端節点を除くと 11 の節点しか持たない．表 4.1 に示したように 6×6 格子グラフは 10^{24} を超える連結なネットワーク状態をもつが，これを BDD として構築してみると，節点数は 10^5 にも満たない．このように，BDD を用いるとネットワーク状態をコンパクトに表現できる．

4.5 BDD 構築の効率化

図 4.3 のネットワークは小さいため，等価性や連結性を容易に判定できたが，大きなネットワークでは簡単ではない．グラフの等価性や連結性判定の計算量はグラフサイズに従って大きくなる．これらの判定処理は BDD の全ての節点で行われるため，アルゴリズムの効率を大きく左右する．実は，これらの判定を行うときにネットワーク全体をみる必要はなく，一部のノードのみをみれば十分であることがわかっている．そのようなノードの集合を**フロンティア** (frontier) と呼ぶ．

フロンティアは以下のように定義される．アルゴリズム Build において，e_i までリンク状態が決定されているとする．状態決定済みのリンク集合を $E_i = \{e_1, \cdots, e_i\}$ とし，未決定のリンク集合を $\bar{E}_i = E \setminus E_i = \{e_{i+1}, \cdots, e_m\}$ とする．状態決定済みリンクと未決定リンクに挟まれたノードの集合，つまり

$$F_i = \{v_j \in V : \exists(v_j, \cdot) \in E_i \wedge \exists(v_j, \cdot) \in \bar{E}_i\} \tag{4.3}$$

をフロンティアとする（$\cdot$ は任意のノード）．図 **4.12** に，リンク e_i の状態を決定した時点でのフロンティアを二重円のノードとして示す．フロンティアに含まれるノードは，次に処理するリンクによって連結状態が変わる可能性をもっている．このため，判定処理において考慮しなければならないノードの集合となる．一方，既にフロンティアから外れたノードは，以降のリンク状態によって連結状態が変化しない．また，まだフロンティアに入っていないノードは，次のリンク状態の影響を受けない．よって，ネットワークの連結状態をフロン

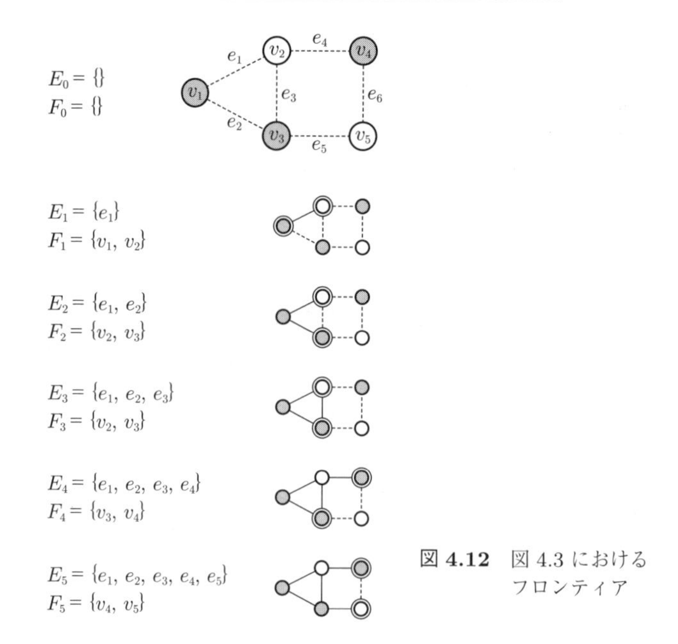

図 4.12　図 4.3 における フロンティア

ティアのノードのみで表す．

等価性と連結性を判定するために，BDD の各節点ではフロンティアノードを用いてネットワーク状態を表記する．まず，フロンティアにあるノードの状態を次のように表す．縮退によって一つにまとめられている頂点集合は，角括弧でくくる．連結対象ノード U を含む頂点集合は，添字 $*$ を付けて区別する．図 4.11 では，BDD の各節点におけるネットワーク状態を，フロンティアによって示している．

リンク e_1 の状態 x_1 を決定したときの状態を例に説明する．このときのフロンティアは，図 4.12 より $\{v_1, v_2\}$ である．$x_1 = 1$ に決める，ノード v_1, v_2 が連結される．また，連結対象ノードの一つである v_1 を含むため，ネットワーク状態は $[v_1 v_2]^*$ と表記される．一方，$x_1 = 0$ としたときはこれらが非連結になるため，$[v_1]^*[v_2]$ となる．

等価な状態ではこの表記が一致するため，ネットワーク全体をみることなく簡単に等価性を判定できる．また，$*$ の付いたノードが全て縮退されたとき，全ての連結対象ノードが連結状態になったということなので，⊤終端節点につなげられる．一方，∗の付いたノードがフロンティアから外れたときは，連結される望みが絶たれたということなので，そこから先は探索しなくてよい（⊥終端節点につなぐ）．このように，フロンティアに着目して効率的にBDDを構築するアルゴリズムは**フロンティア法**（frontier–based search）呼ばれ，近年活発に研究されている[61]．

4.6 確率計算アルゴリズム Prob

最後に，構築したBDDを用いて連結確率を計算する．4.2節で述べたように，BDDが表現する各ネットワーク状態について実現確率を求め，その和を計算すればよい．しかし，一つずつ計算するには状態数が多くなりすぎるため，動的計画法を応用して共通部分をまとめて計算することにより効率化する．

まず，ネットワーク状態を一つずつ考える．**図4.13**のように，それぞれのネットワーク状態を別々のBDDで表す．そして，リンク状態に対応した確率を各枝に与える．リンクe_iの稼働状態を表す1枝はp_i, 故障状態を表す0枝は$1-p_i$とする．ここで，あるネットワーク状態の実現確率は式(4.1)で与えられることから，枝の積がネットワーク状態の確率となる．また，いずれかのネッ

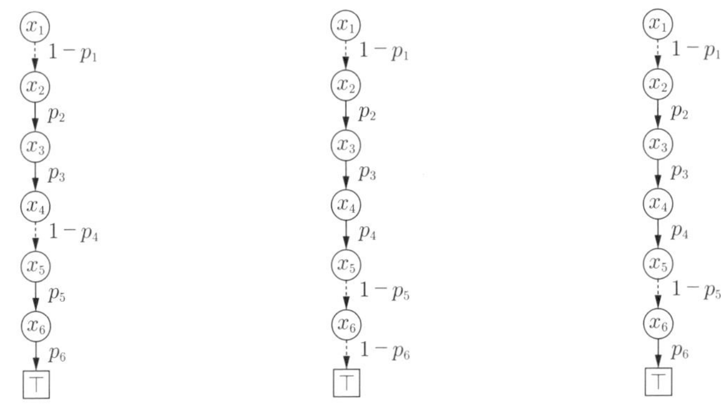

図 4.13 連結なネットワーク状態の確率計算

トワーク状態が実現する確率は，式 (4.2) のように状態確率の和となる．

連結状態に共通部分があるときは，分配則によってまとめて計算できる．BDD の ⊤ 終端節点から根節点に向かって確率を順に掛けていくとすると，分岐があるときに両確率の和をとることに相当する．図 4.13 の BDD を一つにまとめた**図 4.14** を例に説明する．まず，右下の頂点 x_6 が分岐しているため，両確率の和をとり，$(1-p_6)+p_6=1$ となる（x_6 は 0 でも 1 でもよく，その確率は 1 という意味である）．更に頂点 x_4 も分岐しているため，ここでも確率の和をとる．根節点まで確率を掛けていくと，全ての連結状態の合計確率となる．実際に，図 4.13 の合計確率と図 4.14 の根節点の確率は一致している．

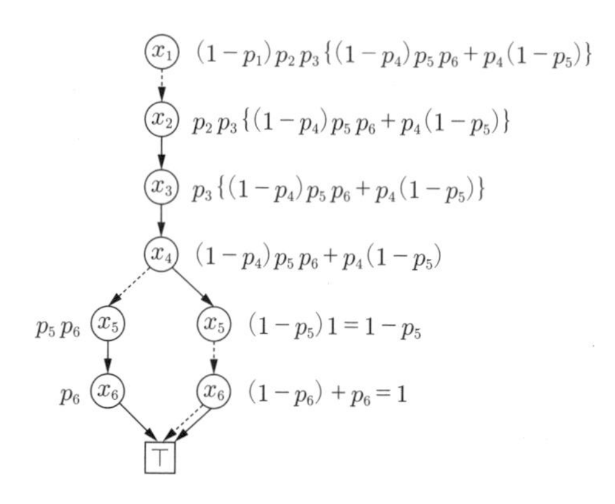

図 4.14 BDD を用いた効率的な確率計算

図 4.3 のネットワークにおける連結確率を計算する様子を**図 4.15** に示す．なお，全てのリンクで $p_i=0.9$ とした．4.2 節の素朴な列挙法では，26 の連結状態において六つの確率を掛け合わせるため，$23\times6=138$ 回の掛け算を行う必要があった．図 4.15 では，BDD の枝数に等しい 18 回の掛け算で確率を計算できる（0 枝と 1 枝が同じ節点を指しているときは，合計確率が 1 となり掛け算は不要になるため，実際には 14 回でよい）．このように，BDD を用いることで計算量を大幅に削減できる．

任意のネットワークで連結確率を計算する方法をアルゴリズム Prob として **Algorithm 21** に定義する．このアルゴリズムは，まず BDD の根節点を引数

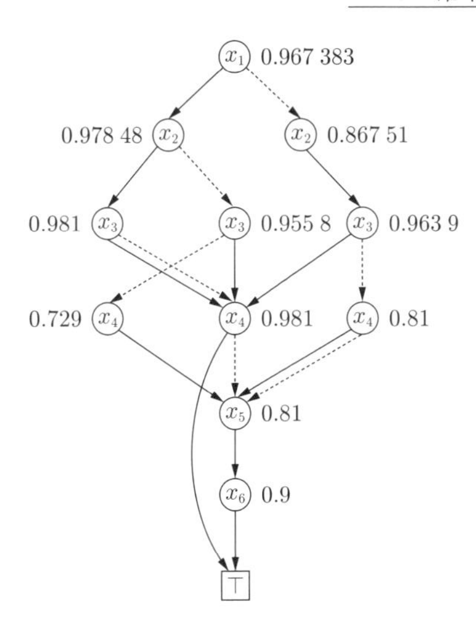

図 4.15　図 4.3 のネットワークにおいて $U = \{v_1, v_3, v_4\}$ が連結である確率

Algorithm 21：Prob(s)：連結確率の計算のアルゴリズム

```
   Input: s                                              /* BDD の節点 */
   Output: 連結確率
 1 if s = ⊥ then                                         /* ⊥ に到達した */
 2 │  return 0
 3 else if s = ⊤ then                                    /* ⊤ に到達した */
 4 │  return 1
 5 else if s ∈ P then                           /* 節点 s の確率が P にある */
 6 │  return P[s]
 7 else
 8 │  p ← Prob(s.0)+ Prob(s.1)   /* s.0, s.1 に対して再帰的に呼び出す */
 9 │  P[s] ← p                                         /* P[s] に保存する */
10 │  return p
```

として呼び出され，更に BDD の枝をたどるとほかの節点を引数として再帰的に実行される．1 行目で ⊥ 終端節点に到達したときは，非連結という意味なので，連結確率 0 を返す．3 行目で ⊤ 終端節点に到達したときは，連結であるこ

とが確定しているので，1を返す．5行目では，節点 s に対する確率が計算済みであるかを調べている．計算済みであれば，計算することなく保存していた値を返す．7行目以降では，0枝と1枝を再帰的にたどり，確率を計算して，保存している．このように，部分問題を再帰的に解き，結果を保存して再利用するこのアルゴリズムは，動的計画法の考えに従って設計されているといえる．

Graphillion

本書のBDDを用いたアルゴリズムは，Graphillion [59] と呼ばれるソフトウェアライブラリに実装されている．Graphillionはオープンソースであり，誰でも自由に利用できる．Pythonという簡易なプログラミング言語であるため，学習も容易である．興味のある読者は http://graphillion.org/ からダウンロードして利用されたい．

Graphillionを用いて本章の連結確率を計算するコードを以下に示す．

```
$ python
>>> from graphillion import GraphSet
>>> GraphSet.set_universe([(1,2),(1,3),(2,3),(2,4),(3,5),(4,5)])
>>> gs = GraphSet({}).including(GraphSet.connected_components([1,3,4]))
>>> probabilities = {(1,2): .9, (1,3): .9, (2,3): .9,
...                  (2,4): .9, (3,5): .9, (4,5): .9}
>>> print gs.probability(probabilities)
0.967383
```

Pythonインタプリタを起動したら，1行目でライブラリをロードし，2行目で図4.3のネットワークを設定する．アルゴリズム Build そのものは実装されていないため，3行目では少し違う手順でBDDを構築している．4～5行目は，アルゴリズム Prob を用いて確率計算を行っている．

Graphillionは表4.1のように爆発的に増加する経路や連結サブグラフを効率的に扱える．Graphillionのベースとなったプログラムによって格子グラフの経路数は 26×26 まで求められており，その結果は http://oeis.org/A007764/b007764.txt で確認できる．また，Graphillion開発の契機となった愉快な動画 http://youtu.be/Q4gTV4r0zRs も閲覧されたい．Graphillionは確率計算以外にもさまざまな用途に使えるので，興味のある読者は参考文献にある「超高速グラフ列挙アルゴリズム」[65] を参照されたい．

※ URLはすべて2015年9月現在のもの．

章　末　問　題

【1】 図 4.15 において，最も右の x_4 節点と x_5 節点の確率が同じであることからわかるように，0 枝と 1 枝の行き先が同じ節点は確率に影響を与えない．このような節点を除去することはできるか（ヒント：節点を除去するだけでなく，枝をつなぎ直す必要がある）．

【2】 図 4.3 では，ノード v_1 に近いほうからリンク番号を決めていった．異なる順序を与えると，BDD の構築過程や確率計算過程にどのような影響がみられるか（ヒント：最終的に得られる連結確率は変わらないが，BDD の形状，特に節点数に注目して考えてみよ）．

【3】 本章では連結である以外の制約を与えなかったが，閉路を含まないネットワークに限定して BDD を構築できるか（ヒント：リンクを縮退するときに，両端ノードが同じ角括弧に属していてはならない）．

【4】 更に，連結対象ノードを二つとし $|U| = 2$，それらの次数を 1，ほかのノードの次数を 0 あるいは 2 に限定した BDD を構築することは可能か．これを前問と合わせると，指定されたノードを端点とする経路を表す BDD を構築できる（ヒント：フロンティアにある各ノードについて，連結状態に加えて次数を管理する）．

第 5 章

複雑な制約条件のもとで最適解を見つけるには

ネットワークの経路や構成を最適化するとき，距離などの目的関数を最小化するだけでなく，何らかの制約条件を課すのが一般的である．2.1 節の最短路問題はノードの接続性を制約条件と考えることができる．また，2.2 節のネットワークフロー問題ではリンク容量を制約条件として与えた．現実のネットワークでは，より複雑かつ多様な制約が課される．例えば，設定変更量のような運用上の要因を考慮することもあるし，機器の限界特性により可能なネットワーク構成を限定しなければならないかもしれない．

本章では，マルチキャストによるデータ配信を例題に，最適化問題におけるさまざまな制約条件の扱い方を紹介する．

5.1 ネットワークのさまざまな制約条件

図 5.1 のネットワーク $G=(V,E)$ において，ノード v_1 から v_3 と v_4 に**マルチキャスト**（multicast）を行う問題を考える．マルチキャストとは，複数ノードに同じデータを効率的に配信する方法であり，映像のような大容量データの配信に用いられている．**図 5.2**(a) のように個別にデータを配信すると，配信元

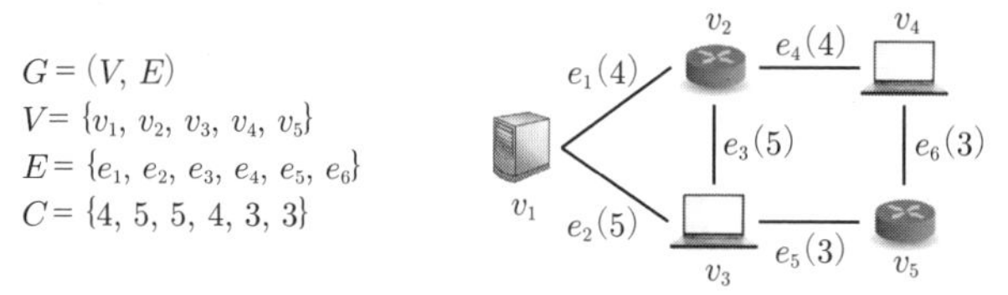

リンク番号横の括弧内の数値はリンクコスト

図 5.1　最適化を行うネットワーク

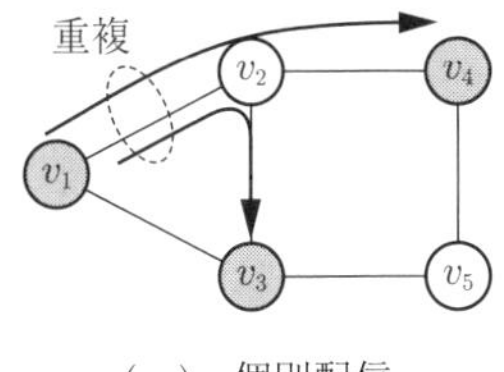

（a） 個別配信

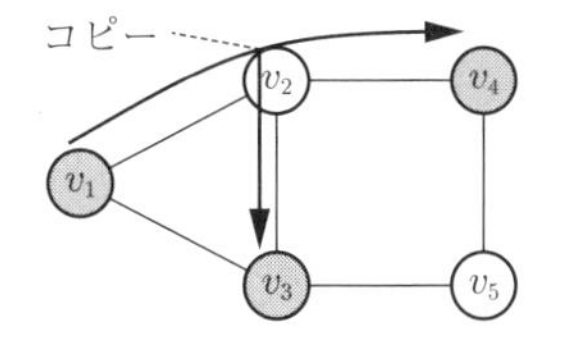

（b） マルチキャスト配信

図 5.2 個別配信とマルチキャスト配信

に近いリンクで同じデータが重複して転送されることがある．図 (b) に示すマルチキャストでは，経路が分岐するたびに中継ノードでデータをコピーし，重複を排除する．

図 5.2 の例でマルチキャストによる配信コスト削減効果を計算してみる．図 5.1 の括弧に示したように，リンク $e_i \in E$ にはコスト $c_i > 0$ が与えられているとする．利用リンクの合計コストを配信コストと考える．すると，図 5.2(a) の配信コストは $4+4+4+5=17$ であるのに対し，図 (b) は $4+4+5=13$ と重複を排除した分だけ削減される．

マルチキャスト配信を**最適化問題**として定義する．リンク e_i の利用の有無を $x_i \in \{0,1\}$ によって表す．なお，4 章では x_i によってリンクの稼働・故障状態を表したが，ここでは利用状態を表す．つまり，$x_i = 0$ であるリンクは配信に利用しないというだけであり，故障しているわけではない．この最適化問題では，配信コスト最小化を**目的関数**（objective function）とする．配信に関わる全ノード $U = \{v_1, v_3, v_4\} \subseteq V$ を接続することが**制約条件**（constraints）となる．この問題は以下のように定式化される．

$$\text{最小化：}\quad \sum_{i=1}^{m} x_i c_i \tag{5.1}$$

$$\text{制約条件：}U \text{ は連結} \tag{5.2}$$

まず，コストの小さいリンクから順に利用するという素朴な方法（以下，貪欲法と呼ぶ）を試してみる．リンクをコスト順に並べると $e_5, e_6, e_1, e_4, e_2, e_3$ となる．e_5 から順に e_4 まで選択し，$\boldsymbol{x} = (1,0,0,1,1,1)$ になると，U の全ノードが接続されるため，制約条件を満たす．このときの配信コストは $\sum_{i=1}^{6} x_i c_i = 4+0+0+4+3+3 = 14$ である．この問題では $\boldsymbol{x} = (1,0,1,1,0,0)$ のとき 13 という最適解が存在するが，貪欲法ではこの最適解を見つけられない．

本章では，複雑なかつさまざまな制約条件を扱うために，4 章で紹介した BDD を利用する．制約付き最適化は幅広く研究されており，BDD 以外にも多くの方法がある．BDD の利点は，異なる制約条件を容易に組み合わせられる点や[57]，局所最適解に陥ることなく大域最適解を求められる点にある[67),71)]．現在のところ目的関数は線形関数に限られるが，そのほかの関数形への拡張も研究が進められている．なお，本章で取り上げるマルチキャスト配信の最適化は，**最小シュタイナー木**（minimum Steiner tree）と呼ばれるよく知られた問題をベースとし，さまざまな制約を追加している．最小シュタイナー木は，与えられたノード集合 $T \subseteq V$ を連結する最小の木を求める問題である．$T = V$ としてすべての頂点を連結する場合には，1 章で紹介した全域木に等しくなる．本章のゴールは，論理積や論理和のアルゴリズムを用いて複雑な制約条件を表現し，その条件を満たす最適解を発見することである．

5.2　BDD による最適化

BDD を用いて目的関数と制約条件が与えられた最適化問題を解く．$U = \{v_1, v_3, v_4\}$ が接続されているという制約条件は，4 章の図 4.6 で BDD として表現されている．つまり，この BDD で表されている全てのネットワーク状態から，合計リンクコストを最小とする最適な状態 $\boldsymbol{x}^\star$ を発見すればよい．**図 5.3** のように，BDD の 1 枝にコスト c_i を与え，0 枝のコストは 0 とする．BDD では，根節点から ⊤ 終端節点への各パスが制約条件を満たすネットワーク状態を表し，パスを構成する枝の合計コストがその状態のコストとなる．つまり，根節点から ⊤ 終端節点への最短路を求めることで，最適なネットワーク状態を得られる．3.1 節で紹介した方法を用いて最短路を求めると，図 5.3 に太線で示し

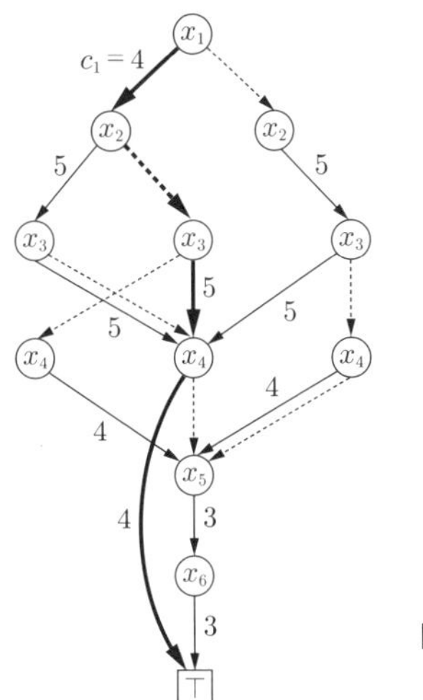

図 5.3 BDD による最適化

た $\boldsymbol{x}^{\star} = (1, 0, 1, 1, 0, 0)$ という最適解を得られる.

このように, BDD を用いた最適化では, 制約条件を満たす全ての状態を BDD として列挙し, 目的関数を最小にする状態を最短路として探索する. 全ての状態を対象とするため, 5.1 節の貪欲法のように失敗することはない. 式 (5.1) のように目的関数は変数の線形和でなければならないが, リンクコストや装置コストなど多くの目的関数は線形和として表現できる.

5.3 構成変更を制限するハミング距離アルゴリズム

制約条件を組み合わせるためのアルゴリズムを説明するために, 接続制約とは別の条件を追加し, BDD として表現する. マルチキャストを行うときに, 現在の状態 $\boldsymbol{x}'$ から配信状態を変更するリンク数が制限されているとする. つまり, 最適化における制約条件は接続制約だけでなく, 変更リンク数に関する条件が組み合わされ, より複雑になる. まず, 本節で変更リンク数の制約条件のみを考え, 次節で接続制約との組合せを考える.

変更リンク数を N 以下に制限するとき, この最適化問題は

$$\text{最小化：}\quad \sum_{i=1}^{m} x_i c_i \tag{5.3}$$

$$\text{制約条件：}\sum_{i=1}^{m} x'_i \oplus x_i \leqq N \tag{5.4}$$

と表される（$\oplus$ は排他的論理和あるいはXORと呼ばれ，x'_i と x_i が等しければ0，異なれば1である）．制約条件の左辺は**ハミング距離**（Hamming distance）とも呼ばれるため，この条件をハミング距離制約と呼ぶことにする．例えば現在の状態が $\boldsymbol{x}' = (1,0,1,0,1,1)$ であり，変更後を $\boldsymbol{x} = (1,0,1,1,0,0)$ とすると，e_4, e_5, e_6 が変更されるため，変更リンク数を表すハミング距離は $\sum_{i=1}^{6} x'_i \oplus x_i = 3$ となる．

一見すると，この問題は簡単に思えるかもしれない．簡単な最適化問題では，目的関数が小さくなる方向に進むことで最適解を見つけられる．例えば

$$\text{最小化：}\quad \sum x_i^2 \tag{5.5}$$

$$\text{制約条件：}-1 \leqq x_i \leqq 1 \tag{5.6}$$

という問題では，**図 5.4** のように坂を下っていけば最適解 $\boldsymbol{x} = \boldsymbol{0}$ に到達できる（勾配法と呼ぶ）．このように，坂を下れば必ず最適解に到達できる特性を「凸性」と呼び，問題が大きくなり変数が増えても最適解を容易に求められる．一

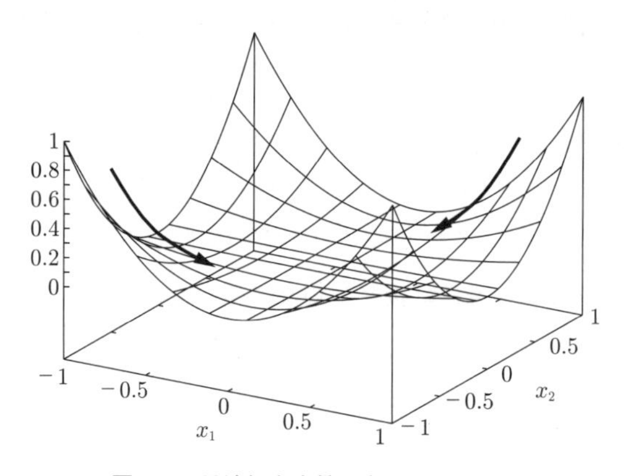

図 5.4　最適解を容易に求められる問題

方，式 (5.3) と式 (5.4) で表される最適化問題は勾配法では解けない．例えば，$\boldsymbol{x}' = (1,0,1,0,1,1)$, $N = 2$ とすると，最適解は $\boldsymbol{x} = (0,0,0,0,1,1)$ であり，目的関数の値は 6 である．しかし，この問題には，最適解ではないが隣接状態よりは目的関数が小さくなる「窪地」がいくつかある．例えば，$\boldsymbol{x} = (1,0,1,0,0,0)$ の目的関数は 9 と大きいが，制約条件を満たすいずれの隣接状態よりも小さい．このような窪地を局所最適解と呼ぶ．坂を下るだけの勾配法では局所最適解に陥ってしまい，大域最適解に到達できない．局所最適解をもつ最適化問題を解くには，より優れた方法が必要になる．

ハミング制約を扱う準備として，まず，リンク利用数をちょうど N に限定する条件 $\sum_{i=1}^{m} x_i = N$ を考え，BDD を構築する．図 5.1 の例に従って $m = 6$ とし，また $N = 2$ としたときの BDD は図 **5.5**(a) のように格子状になる．最も左上の辺は破線矢印の $x_i = 0$ だけであり，辺上の節点では $\sum_{i=1} x_i = 0$ である．中段の辺は $x_i = 1$ を 1 回だけ通過しているため，通過中は $\sum_{i=1} x_i = 1$ である．このようにして，$\sum_{i=1} x_i = N$ まで格子を広げ，⊤ 終端節点につなげると，リンク利用数が N である状態のみを表す BDD を構築できる．リンク利用数が N

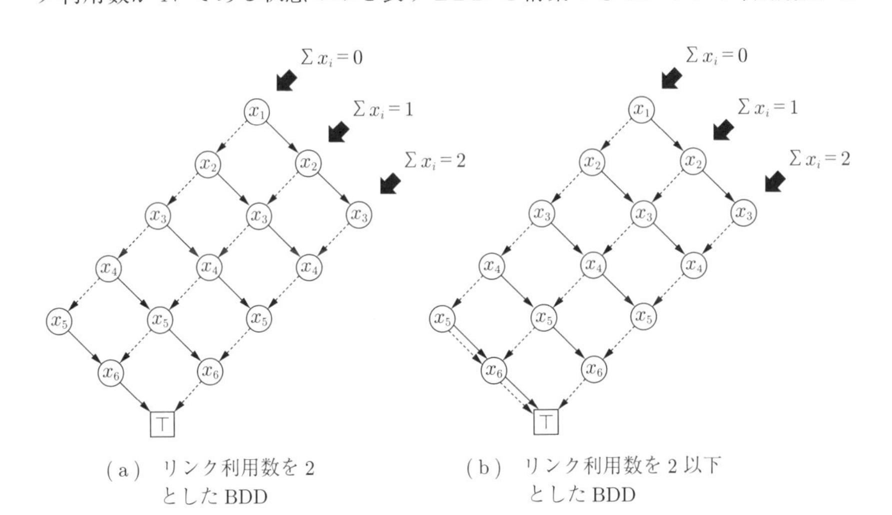

(a) リンク利用数を 2 とした BDD　　(b) リンク利用数を 2 以下とした BDD

図 5.5　リンク利用数制約を表す BDD

以下になる条件 $\sum_{i=1}^{m} x_i \leqq N$ は，最下段以外の辺からも ⊤ 終端節点につなげばよいので，図 (b) のようになる．

ここで，リンク利用数を制限するということは，全てのリンクが使われていない状態 $\boldsymbol{x}' = (0, 0, \cdots)$ からの変更リンク数を制限すると考えることもできる．つまり，0 と 1 を逆にすれば，現在使われているリンクの変更の有無を扱える．現在の状態を $\boldsymbol{x}' = (1, 0, 1, 0, 1, 1)$ とし，変更リンク数を 2 以下にするハミング制約の BDD を図 **5.6**(b) に示す．これは，図 5.5(b) の BDD において，利用中リンク e_1, e_3, e_5, e_6 の 0 枝と 1 枝を入れ替えることで作成できる．左上の辺は変更数が $\sum_i x'_i \oplus x_i = 0$ であり，中段の辺は 1 であるなど，図 5.5 と対応が取れる．なお，ハミング制約を表す BDD の節点数は，$(N+1)(m-1)-1$ である（終端節点を除く）．

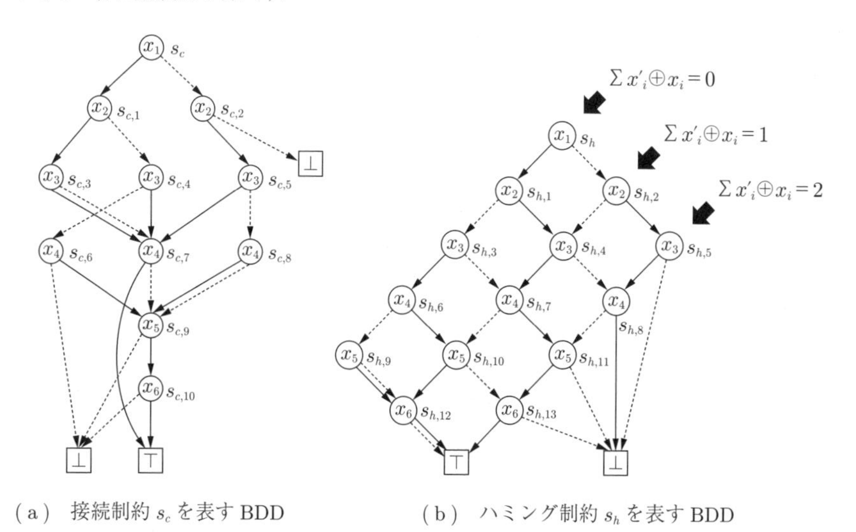

（a） 接続制約 s_c を表す BDD　　（b） ハミング制約 s_h を表す BDD

図 **5.6**　接続制約とハミング制約を表す BDD

このように制約条件を BDD として表現できれば，図 5.3 と同様に最短路を探索して最適解を発見できる．

5.4 制約条件を組み合わせるための論理積アルゴリズム

ここまでは，ある一つの制約を満たすネットワーク状態をBDDとして表現した．4章では接続制約を満たす状態をBDDとして表し，5.3節ではハミング制約のBDDを構築した．本節では，これら二つのBDDを用いて，両方の制約をともに満たす状態のみを選択し，新たなBDDとして表現する．

まず，**図5.7**のように，全てのネットワーク状態を列挙して考える．各状態が制約を満たせば $\top$，満たさなければ $\bot$ とする．両制約の列は，接続制約とハミング制約がともに $\top$ であれば $\top$ とし，それ以外であれば $\bot$ とする．このような演算は**論理積**（AND）と呼ばれ，$\wedge$ という演算子で表す．

$$\top \wedge \top = \top, \quad \top \wedge \bot = \bot, \quad \bot \wedge \top = \bot, \quad \bot \wedge \bot = \bot \tag{5.7}$$

ネットワーク状態 $\boldsymbol{x}$	接続制約 $s_c(\boldsymbol{x})$	ハミング制約 $s_h(\boldsymbol{x})$	両制約 $s(\boldsymbol{x})$
(0,0,0,0,0,0)	$\bot$	$\bot$	$\bot$
(0,0,0,0,0,1)	$\bot$	$\bot$	$\bot$
(0,0,0,0,1,0)	$\bot$	$\bot$	$\bot$
(0,0,0,0,1,1)	$\bot$	$\top$	$\bot$
⋮			
(0,1,1,1,1,0)	$\top$	$\bot$	$\bot$
(1,1,1,1,1,1)	$\top$	$\top$	$\top$

図5.7 ネットワーク状態と制約条件

つまり，全ての制約を満たすか否かは，個々の制約の論理積として定義できる．4章の素朴な列挙法と同様に，図5.7のような列挙による考え方は理解の助けになるが，状態数は 2^m もあるため，全ての状態を列挙してからBDDを構築するのは賢明ではない．ネットワークのリンク数 m が100を超えるまでに計算できなくなるだろうし，200を超えるとスーパコンピュータでも無理である．

ここで，各制約条件を関数と考える．関数名を s とし，変数を $\boldsymbol{x} \in \{0,1\}^m$ とすると，関数の値は $s(\boldsymbol{x}) \in \{\bot, \top\}$ となる．このように，0と1，あるいは $\bot$ と $\top$ のような2値のみをとる関数を**論理関数**（あるいは**ブール関数**）と呼ぶ．

接続制約を s_c，ハミング制約を s_h とすると，両制約を表す論理関数 s は，論理積を用いて以下のように定義できる．

$$s = s_c \wedge s_h \tag{5.8}$$

このように，制約条件を論理関数と考えると，全ての制約を満たす論理関数は，個々の制約を表す論理関数の論理積となる．よって，制約条件を組み合わせるとは，個々の制約を表す関数 s_i があり，それらを表す BDD が与えられたとき，論理積 $\bigwedge_i s_i = s_1 \wedge s_2 \wedge \cdots$ を表す BDD の構築問題となる．

論理積アルゴリズムに進む前に，論理関数としての BDD について改めて説明する．BDD の根節点から $\boldsymbol{x} \in \{0,1\}^m$ の値に従ってたどると，論理関数の値 $s(\boldsymbol{x}) \in \{\bot, \top\}$ を得る．例えば，接続制約 s_c を表す図 5.6(a) は，$\boldsymbol{x} = (0,1,1,0,1,1)$ に従ってたどると $\top$ に到達するため，$s_c(0,1,1,0,1,1) = \top$ とわかる．ここで，図 5.6(a) の $s_{c,1}$ という節点は，$x_1 = 1$ としたときに到達する節点である．この節点は，$x_1 = 1$ に固定した論理関数 s_c を表す．つまり，節点 $s_{c,1}$ が表す論理関数の値は次式となる．

$$s_{c,1}(x_2, x_3, x_4, x_5, x_6) = s_c(1, x_2, x_3, x_4, x_5, x_6) \tag{5.9}$$

$s_{c,7}$ のように，複数の枝によって指されている節点は，同じ関数となる変数の組合せが複数あるということを意味する．例えば，$s_{c,7}$ に到達するパスは

$$(x_1, x_2, x_3) = (1,1,1), (1,1,0), (1,0,1), (0,1,1) \tag{5.10}$$

の 4 通りあるが，いずれで変数を固定しても同じ関数となり，次式となる．

$$\begin{aligned} s_{c,7}(x_4, x_5, x_6) &= s_c(1,1,1,x_4,x_5,x_6) \\ &= s_c(1,1,0,x_4,x_5,x_6) \\ &= s_c(1,0,1,x_4,x_5,x_6) \\ &= s_c(0,1,1,x_4,x_5,x_6) \end{aligned} \tag{5.11}$$

BDD を用いて論理積を計算するアルゴリズムを説明する．簡単のため，まず

は図 **5.8** に示す $m=2$ の小さな例を考える．図 (a), (b) に，制約 1, 2 の BDD を示す（説明のための例であり，これらの制約条件に意味はない）．

例えば，制約 1 は

$$s_1 = \begin{cases} \bot & \text{if } \boldsymbol{x} = (0,0), \quad \bot \quad \text{if } \boldsymbol{x} = (0,1) \\ \top & \text{if } \boldsymbol{x} = (1,0), \quad \top \quad \text{if } \boldsymbol{x} = (1,1) \end{cases} \tag{5.12}$$

という論理関数だとする．ここで，$x_1=0$ と $x_1=1$ のそれぞれに x_1 の値を固定して考えると

$$s_1 = \begin{cases} s_{1,1} & \text{if } \boldsymbol{x} = (0, x_2) \\ s_{1,2} & \text{if } \boldsymbol{x} = (1, x_2) \end{cases} \tag{5.13}$$

となる．

ネットワーク状態 $\boldsymbol{x}$	制約 $s_1(\boldsymbol{x})$	制約 $s_2(\boldsymbol{x})$	両制約 $s(\boldsymbol{x})$
(0,0)	⊥	⊥	⊥
(0,1)	⊥	⊤	⊥
(1,0)	⊤	⊥	⊥
(1,1)	⊤	⊤	⊤

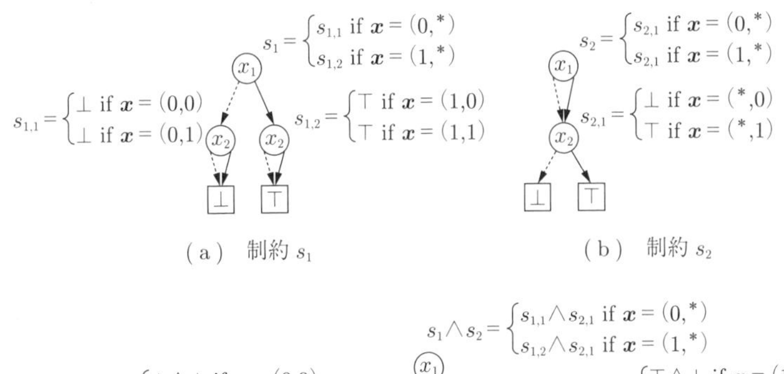

（a） 制約 s_1　（b） 制約 s_2

（c） 制約 $s = s_1 \wedge s_2$

図 5.8　BDD による制約条件の組合せ（論理積）

両制約を満たす論理関数とは，条件1と2の始点である s_1 と s_2 の論理積，つまり $s_1 \wedge s_2$ である．そこで，図(c)のように，BDDの根節点を $s_1 \wedge s_2$ としておく．ここから x_1 を0に決めたときの状態とは，s_1 において $x_1 = 0$ としたときの $s_{1,1}$ と，s_2 において $x_1 = 0$ としたときの $s_{2,1}$ の論理積となる．つまり，$s_{1,1} \wedge s_{2,1}$ である．同様に，x_1 を1としたときの状態は $s_{1,2} \wedge s_{2,1}$ となる．

更に，$s_{1,1} \wedge s_{2,1}$ において $x_2 = 0$ に決めると，$s_{1,1}$ からも $s_{2,1}$ からも $\bot$ に到達する．よって，このときの状態は $\bot \wedge \bot$ となるが，これは $\bot$ にほかならない．ほかの枝も同様に終端節点が決定する．

このように，入力となる二つのBDDを並行してたどりながら，新しいBDDを生成していく．生成過程では節点番号のみを記憶すればよく，図5.7のように 2^m 個の膨大な状態を列挙する必要はない．終端節点に到達したら，論理積を計算し，$\bot$ あるいは $\top$ を決定する．

ところで，このようにしてBDDを構築すると，一つ進むごとに節点数が2倍になるため，最終的には 2^m 個の節点が生成されてしまいそうである．しかし，実際にはそうはならない．**図5.9** は図5.7の s を表すBDDであるが，節点数が最大になる x_6 のレベルでも $2^6 = 64$ よりずっと少ない8である．ここで，x_i のレベルにある節点とは，x_6 でラベル付けされた節点を指すとする．このようにレベル i の節点数が 2^i より少なくなるのは，節点の状態によっては新たな節点を生成せずにすむためである．図5.9でそのルールを説明する．

- 二つのBDDで並行して次の節点をたどったとき，いずれかが $\bot$ に到達したとする．すると，もう片方の節点に関わらず，論理積の結果は $\bot$ になる．このため，その先を探索することなく $\bot$ 終端節点につないでよい．例えば，$s_{c,2}$ の0枝は $\bot$ であるため，$s_{c,2} \wedge s_{h,2}$ において $x_2 = 0$ とした0枝は $\bot \wedge s_{h,4}$ となる．論理関数 $s_{h,4}$ の値に関わらず $\bot \wedge s_{h,4} = \bot$ であるから，これは $\bot$ とする．つまり，$x_1 = 0$ かつ $x_2 = 0$ であれば，x_3 以降の値に関わらず $\bot$ になる．
- 新たに生成されたいくつかの節点が，同じ節点になることがある．これは等価な論理関数を表しており，一つの節点としてまとめられる．例え

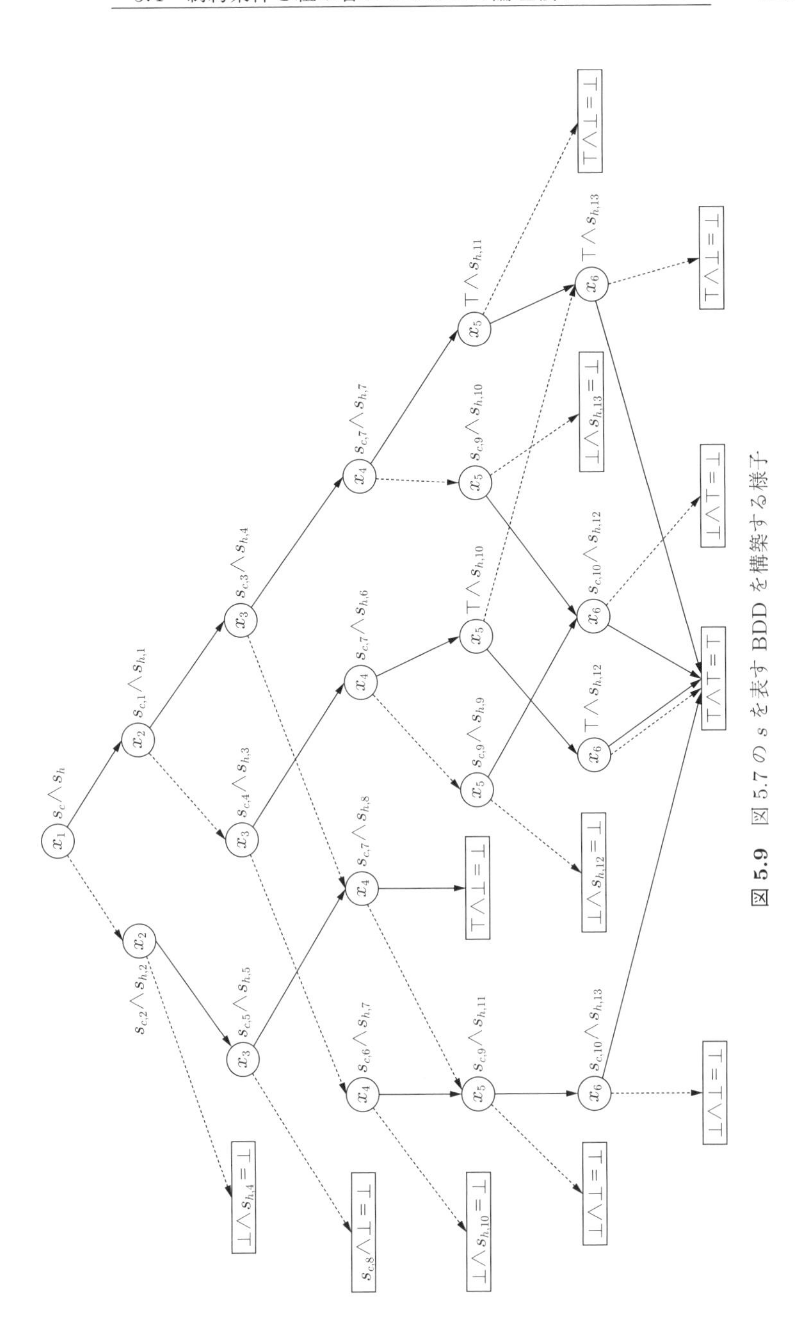

図 5.9　図 5.7 の s を表す BDD を構築する様子

ば，$s_{c,5} \wedge s_{h,5}$ の 1 枝と $s_{c,3} \wedge s_{h,4}$ の 0 枝はともに $s_{c,7} \wedge s_{h,8}$ である．

　このように新たな節点が同じになったときには，一つの節点にまとめる．

任意の二つの BDD に対して論理積を表す BDD を構築するために，一連のルールを **Algorithm 22** として定義する．1, 3 行目では，終端節点 ⊤ あるいは ⊥ につなげられるルールをチェックしている．5 行目では等価な節点の有無を調べている．これらのルールを適用できなければ，0 枝及び 1 枝に対してアルゴリズムを再帰的に呼び出し，新たな節点 s' を生成する．生成された節点は 11 行目で保存され，5 行目で等価節点を検索するときに利用される．

Algorithm 22：$s_1 \wedge s_2$: 論理積を表す BDD 構築のアルゴリズム

```
   Input: s1, s2                                  /* 二つの節点 */
   Output: s1 ∧ s2                                /* 論理積 */
 1 if s1 = ⊤ and s2 = ⊤ then                      /* 新たな節点は ⊤ ∧ ⊤ = ⊤ である */
 2 │ return ⊤
 3 else if s1 = ⊥ or s2 = ⊥ then                  /* 新たな節点は ⊥ ∧ * = ⊥ である */
 4 │ return ⊥
 5 else if (s1, s2) ∈ S then                      /* 等価な節点が S にある */
 6 │ return S[s1, s2]
 7 else                                           /* 新たな節点を生成する（図 5.8） */
 8 │ s' ← NewBddNode
 9 │ s'.0 ← s1.0 ∧ s2.0                           /* 0 枝に対して再帰的に呼び出す */
10 │ s'.1 ← s1.1 ∧ s2.1                           /* 1 枝に対して再帰的に呼び出す */
11 │ S[s1, s2] ← s'                               /* S[s1, s2] に保存する */
12 │ return s'
```

なお，ここまでの例には現れないが，BDD では**図 5.10** のように途中の節点を省略することがある．0 枝と 1 枝の行き先が同じであり，分岐が行われないときは，その節点がなくなっても BDD のパスは変わらないので省略できる．Algorithm 22 において，節点が省略されたために 9 行目で $s_1.0$ と $s_2.0$ のレベルが異なる場合，省略された節点を図右のように復活させて処理を行う．10 行目の $s_1.1$ と $s_2.1$ についても同様である．

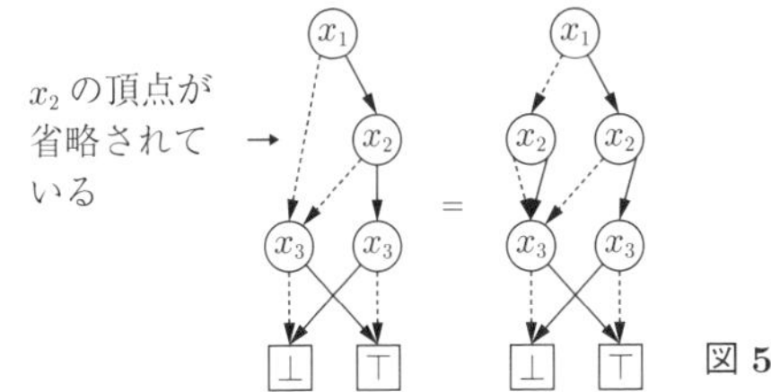

図 5.10 節点の省略

このようにして両方の制約を満たすネットワーク状態を図 5.9 のような BDD として表現できれば，1 枝にリンクコストを与え，最短経路を探索することで最適解を発見できる．この問題の最適解は $\boldsymbol{x} = (1, 0, 0, 1, 1, 1)$ であり，配信コストは 14 である．

5.5 論理和アルゴリズム

接続制約とハミング制約はともに数理的に表現しやすい制約条件であり，BDD を直接構築するアルゴリズムを定義できた．しかし，実際のネットワークでは，機器特性により可能なネットワーク構成が限定される場合のように，簡潔に表現しにくい制約条件を課されることもある．そこで，まずは小さな制約条件に分解していくつもの BDD によって表現し，論理演算を繰り返して一つの BDD にまとめることにする．

例えば，消費電力抑制のため，リンク e_4，e_5，e_6 のうち同時に利用できる組合せが以下の六つに制限されているとする．リンク e_1，e_2，e_3 に制限はないため省略する．

$$(x_4, x_5, x_6) \in \{(0,0,0), (0,0,1), (0,1,0), (1,0,0), (1,0,1), (1,1,0)\} \tag{5.14}$$

いずれのリンクも使わないか，一つずつ使うときには問題ないが，二つ以上を組み合わせて使うときは e_4，e_5 あるいは e_4，e_6 という組合せしか機能しない．このような場当たり的な制約条件を BDD として直接表現するのは簡単ではない．そこで**図 5.11** のように，まずは制約を満たす各状態を別々に考え，それぞれの状態のみが $\top$ となるような論理関数として BDD で表現する．例えば，図の s_1 は $(0,0,0)$ のみで $\top$ となり，s_2 は $(0,0,1)$ のみで $\top$ となる．そして，図の最右列のように，一つの論理関数にまとめれば，式 (5.11) の制約を表現する論理関数が得られる．このように，いずれかが $\top$ であれば $\top$ となるような演算は**論理和**（OR）と呼ばれ，$\vee$ という演算子を用いて

$$\top \vee \top = \top, \quad \top \vee \bot = \top, \quad \bot \vee \top = \top, \quad \bot \vee \bot = \bot \tag{5.15}$$

のように表す．

ネットワーク状態 $\boldsymbol{x}$	制約 $s_1(\boldsymbol{x})$	$s_2(\boldsymbol{x})$	$s_3(\boldsymbol{x})$	$s_4(\boldsymbol{x})$	$s_5(\boldsymbol{x})$	$s_6(\boldsymbol{x})$	論理和 $s_s(\boldsymbol{x}) = \vee s_i(\boldsymbol{x})$
(0,0,0)	$\top$	$\bot$	$\bot$	$\bot$	$\bot$	$\bot$	$\top$
(0,0,1)	$\bot$	$\top$	$\bot$	$\bot$	$\bot$	$\bot$	$\top$
(0,1,0)	$\bot$	$\bot$	$\top$	$\bot$	$\bot$	$\bot$	$\top$
(0,1,1)	$\bot$	$\bot$	$\bot$	$\bot$	$\bot$	$\bot$	$\bot$
(1,0,0)	$\bot$	$\bot$	$\bot$	$\top$	$\bot$	$\bot$	$\top$
(1,0,1)	$\bot$	$\bot$	$\bot$	$\bot$	$\top$	$\bot$	$\top$
(1,1,0)	$\bot$	$\bot$	$\bot$	$\bot$	$\bot$	$\top$	$\top$
(1,1,1)	$\bot$	$\bot$	$\bot$	$\bot$	$\bot$	$\bot$	$\bot$

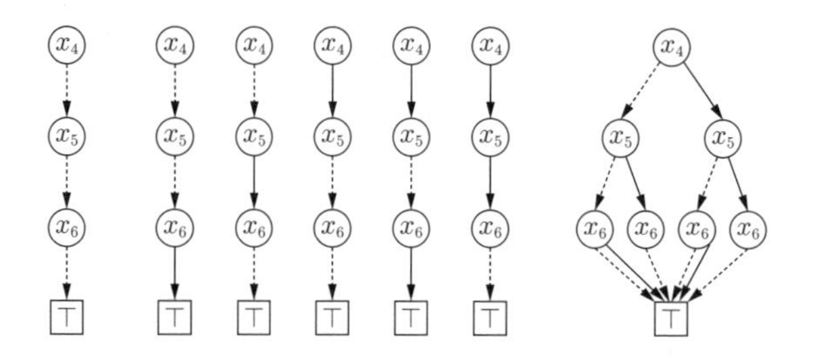

図 5.11　BDD による論理和（上表の各列に対応する BDD を下図に示す）

制約を満たす個々の状態を $\boldsymbol{x}_i$ としたとき，$\boldsymbol{x}_i$ でのみ $\top$ となる論理関数を s_i とする．いずれかの状態で $\top$ となる論理関数 s は，論理和を用いて以下のように定義できる．

$$\bigvee_i s_i = s_1 \vee s_2 \vee \cdots \tag{5.16}$$

Algorithm 23 は，任意の二つの BDD に対して論理和の BDD を構築する，

Algorithm 23 : $s_1 \vee s_2$: 論理和を表す BDD 構築のアルゴリズム

```
   Input: s1, s2                                        /* 二つの節点 */
   Output: s1 ∨ s2                                      /* 論理和 */
 1 if s1 = ⊥ and s2 = ⊥ then                  /* 新たな節点は ⊥ ∨ ⊥ = ⊥ である */
 2 │ return ⊥
 3 else if s1 = ⊤ or s2 = ⊤ then               /* 新たな節点は ⊤ ∨ * = ⊤ である */
 4 │ return ⊤
 5 else if (s1, s2) ∈ S then                        /* 等価な節点が S にある */
 6 │ return S[s1, s2]
 7 else                                    /* 新たに節点を生成する (図 5.8) */
 8 │ s' ← NewBddNode
 9 │ s'.0 ← s1.0 ∨ s2.0                   /* 0 枝に対して再帰的に呼び出す */
10 │ s'.1 ← s1.1 ∨ s2.1                   /* 1 枝に対して再帰的に呼び出す */
11 │ S[s1, s2] ← s'                              /* S[s1, s2] に保存する */
12 │ return s'
```

論理積とほぼ同じアルゴリズムである．1〜4 行目に示すように，節点 s_1, s_2 が終端（$\perp$ あるいは $\top$）であるときの処理が論理和のルールに従って変更されているが，ほかは同じである．二つより多くの BDD が与えられたときは，任意の二つを選んで繰り返し計算し，一つの BDD にまとめればよい．

リンク e_1, e_2, e_3 には条件が課されておらず，これらの状態は $x_i = 0$ でも $x_i = 1$ でもよいので，**図 5.12** のように 0 枝と 1 枝を同じ節点につなげておけばよい．このようにして得られた BDD を s_s とし，図 5.9 の BDD との論理積 $s_c \wedge s_h \wedge s_s$ を計算すると，接続制約とハミング制約に加えて機器特性の制約も考慮した BDD を得られる．

ここまで，論理積と論理和という二つの論理演算を実行するアルゴリズムを紹介した．もう一つの代表的な論理演算である**否定**（not）は，ある状態 $\boldsymbol{x}$ が有効 $\top$ であるか無効 $\perp$ であるかを反転する演算であり，$\neg$ という演算子を用いて表す．BDD で否定を計算するには，**図 5.13** のように 2 種類の終端節点 $\top$

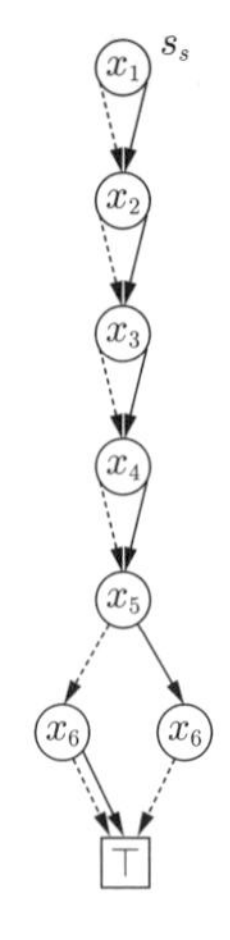

図 5.12　制約が課されない変数の扱い

ネットワーク状態 $\boldsymbol{x}$	$s(\boldsymbol{x})$	$\neg s(\boldsymbol{x})$
(0,0)	⊤	⊥
(0,1)	⊥	⊤
(1,0)	⊥	⊤
(1,1)	⊤	⊥

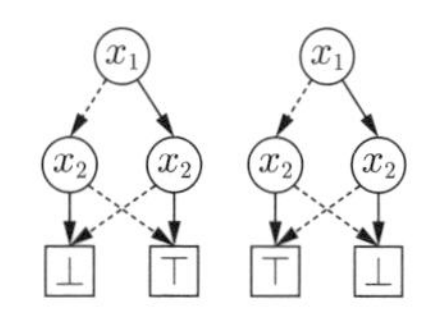

図 5.13　BDD による否定

と ⊥ を入れ替えればよい．論理積と否定を計算できれば，それらを組み合わせて任意の論理演算を実現できることが知られている．つまり，制約条件を論理式として表現できれば，本章に示すよりもずっと複雑な制約条件であっても対応する BDD を構築できる．本章では，Build アルゴリズムで BDD を構築してから論理演算を繰り返して制約条件を追加したが，制約条件を考慮しながら Build アルゴリズムを実行することで，全ての制約条件を満たす BDD を直接得る方法も研究されている[68)]．将来的にはこの新たなアプローチにより，論理演算にかかる計算コストを大幅に削減できると期待される．

BDD と ZDD

図 5.10 で示したように，BDD では 0 枝と 1 枝が同じ節点を指し，分岐しない場合，その頂点を省略してもよい．そうすることで，BDD の節点を削減できる．等価な節点をまとめ，分岐しない節点を省略して BDD を圧縮することを**規約化**（reduction）と呼ぶ．規約化された BDD には reduced binary decision diagram という正式名があるが，一般には BDD といえば規約化された状態を指す．本章では簡単のために，節点が省略されていたら復活して処理を行うと説明したが，復活させることなく，より効率的に処理を行うことも可能であり，高い性能を求めるときには規約化を行うべきである[69]．

節点の省略ルールは一通りではなく，図 (c) のように異なるルールが適用されることもある．分岐しない頂点ではなく，1 枝が ⊥ を指している節点を省略すると，**ZDD**（Zero-suppressed binary Decision Diagram）[70] と呼ばれる．1 枝が ⊥ を指すということは，リンク e_i は用いられることがなく，なくてもよいということなので，省略すると考える．なお，ZDD でも，等価な節点をまとめる点は変わらない．

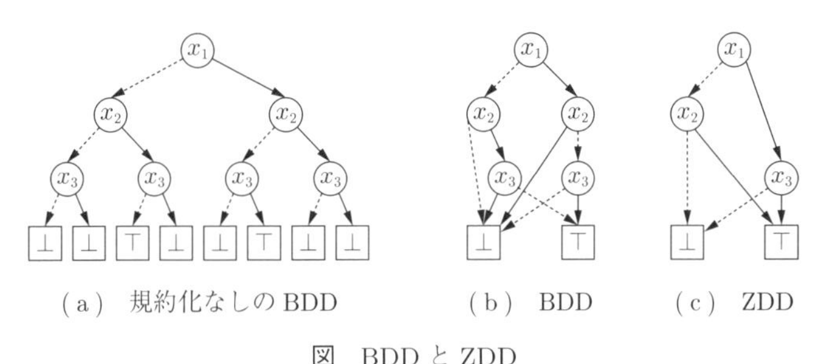

(a) 規約化なしの BDD　(b) BDD　(c) ZDD

図 BDD と ZDD

4 章のように確率計算を行う場合，0 枝と 1 枝が同じである節点を無視するので，BDD の規約化ルールに従うと都合がよい．一方で，最適化やデータマイニングでは ZDD のほうが都合のよいこともある．

本書では，節点を省略するときは BDD の規約化ルールに統一した．

章　末　問　題

【1】 ハミング制約を表す BDD を構築するアルゴリズムを定義せよ（ヒント：BDD は格子状であり，縦横の節点数は既知である）.

【2】 図 5.9 において，x_6 のレベルにある三つの節点 $s_{c,10} \wedge s_{h,13}$，$s_{c,10} \wedge s_{h,12}$，$\top \wedge s_{h,13}$ は，いずれも 0 枝が $\bot$ を指し，1 枝が $\top$ を指している．これらの節点を等価とみなし，一つにまとめてもよいか（ヒント：まとめる前後で BDD の各パスが到達する終端節点は変化するか）.

【3】 前問で三つの等価な節点を一つにまとめると，x_5 のレベルにも等価な節点があるとわかる．それはどれか（ヒント：枝の行き先を比べればよい）.

【4】 前問までに述べたように，Algorithm 22 完了後に，等価な節点がまとめられないまま残されることがある．これを回避するようにアルゴリズムを修正できるか．難しいとすれば，それはなぜか（ヒント：図 5.9 において，x_6 を処理する前に x_5 のレベルの等価性を判定できるかどうかを考えよ）.

【5】 論理積を計算する Algorithm 22 と論理和を計算する Algorithm 23 は，ほぼ同じアルゴリズムであった．ほかにも排他的論理和 $\oplus$ や含意 $\rightarrow$ などさまざまな論理演算があるが，任意の論理演算を実行する汎用的なアルゴリズムを設計せよ．なお，そのような汎用アルゴリズムは Apply と呼ばれている（ヒント：演算種に依存するのは終端節点を処理するときだけである）.

【6】 最適化問題には BDD 以外にも数多くの解法が研究されており，GLPK や CPLEX, Gurobi などのソルバーも開発されている（p.110 のコラムで紹介した Graphillion もソルバーとして利用できる）．適当なソルバーを選んで本章の問題を解いてみよ．また，計算時間や使い勝手を比較せよ.

第6章 ネットワークの設定ミスをなくせるか

最短路探索やネットワーク最適化により最適な経路を求めたら，その経路に従ってデータが転送されるように，スイッチやルータなどのネットワーク機器（ノード）に経路を設定する．現在のネットワークにはスマートフォンやパソコン，サーバなど非常に多くの端末が接続されており，それらにデータを転送するための経路設定量は膨大になる．一方で，悪意のある攻撃者からのデータは転送されないように設定しなければならない．このようにしてネットワークが複雑になると，設定ミスが生じ，届くべきデータが届かなかったり，届いてはいけないデータが届いてしまうなどの不具合が発生するようになる．

本章では，ネットワーク設定の正しさを保証するために，ネットワーク検証アルゴリズムを紹介する．

6.1 設定ミスによる不具合

例えば図**6.1**では，右上のネットワーク（雲）から左下のサーバへのアクセスを禁止しているはずなのに，設定ミスによってセキュリティホールができており，アクセスできる状態になってしまっている．悪意のある攻撃者がこのセキュリティホールを発見すると，サーバに不正にアクセスされてしまい，情報

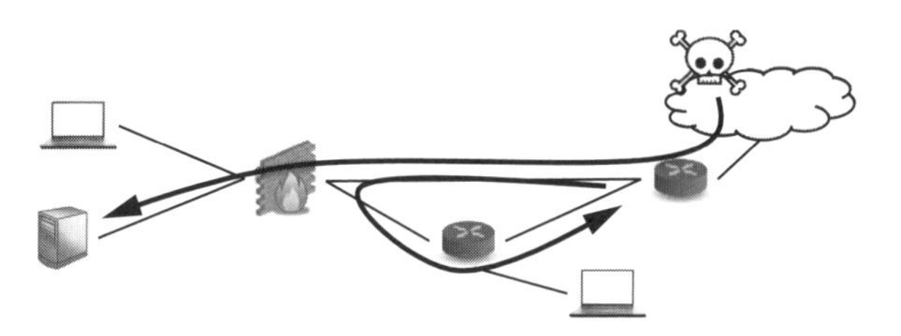

図**6.1**　設定ミスによる不具合

漏えいやデータ改ざんなどの被害に遭うかもしれない．また，右上のノードから送出したデータがぐるっと回って戻ってきているが，これは経路がループしているということであり，恐らく間違った設定がなされている．ループした経路があるとデータが永遠に転送され続けてしまい，リンクが埋め尽くされてしまう可能性がある．

本章では，指定されたノード間をデータが通過できるかどうかを調べることで，設定の正しさを検証する．このような技術を**ネットワーク検証**（network verification）と呼ぶ．これは簡単そうにみえるかもしれないが，実は難しい問題である．あるデータが通過する経路は，設定に従ってノードを順に選択していけば簡単にわかる．しかし，ノード間を通過しうるデータの有無を漏れなく調べることは，全く異なる問題となる．経路を決定するために用いられる情報の組合せは，32 ビットの IP アドレスと 16 ビットのポート番号に限定したとしても $2^{32} \times 2^{16}$ もあるため，一つずつ調べることはできない．そこで，4, 5 章に続いて BDD を利用し，膨大な組合せを効率的に調べることにする[72),75)]．本章のゴールは，データの到達条件を表す方程式 (6.15) と，それを効率的に解くアルゴリズム Reach を理解し，6.6 節に示す表 6.1 の検査式を使いこなすことである．なお，本章で紹介する技術は，記号的実行（symbolic execution）やモデル検査（model checking）という技術に基づいている[73)]．

6.2　ノード設定

現在のネットワークは TCP/IP というプロトコル（通信規約）に従って設定されている．**IP**（Internet Protocol）はネットワークにおけるアドレス（住所）を定める．このアドレスは 32 ビットのビット列として表現されるため，$[0, 2^{32}-1]$ の範囲にある整数となる．本章では，a から b までの範囲を $[a, b]$ と表す．IP アドレスは 8 ビットずつ区切り，192.0.2.17 のような四つ組として表記するのが一般的である．$a_3.a_2.a_1.a_0$ という IP アドレスを数値 a に変換するには次のようにすればよい．

$$a = \sum_{i=0}^{3} a_i 2^{8i} \tag{6.1}$$

例えば，192.0.2.17 を数値に変換すると 3 221 226 001 になる．逆変換は，剰余を求める演算子を % とすると

$$a_i = \frac{a}{2^{8i}} \% 2^8 \tag{6.2}$$

となる．**TCP**（Transmission Control Protocol）は 16 ビットのポート番号によってウェブやメールなどのサービスを区別する．ポート番号の範囲は $[0, 2^{16}-1]$ である．

ネットワークでやりとりされるデータは，パケットと呼ばれる小さな単位に分割されて送信される．各パケットのヘッダ（先頭部分）には，宛先のアドレスやポート番号が記載される．各ノードは，ヘッダを見てパケットの転送先を決定する．つまり，ノードに施す設定とは，各パケットに適用する処理方法のことである．

図 6.2 にノードの設定例を示す．表の各行をルールと呼ぶ．実際のネットワーク機器は，パケットの転送先を示す**転送表**（forwarding table）と廃棄パケットを選択する**アクセス制御リスト**（access control list）を持つが，本章では両者をまとめてルール表と呼ぶ．図のノード v_1 には五つのルールが設定されている．各ルールは，アドレスとポート番号の範囲と，パケットの処理方法を指定する．パケットを受信すると，ノードは合致するルールを探す．複数のルールが合致するときは，最上位のルールのみを適用する．例えば，アドレスが 192.0.2.17，ポート番号が 25 のパケットは，v_1 の 3 番目と 5 番目のルールに合致するが，上にある 3 番目のルールが適用されるため廃棄される．ノード v_1 の左にあるサーバから，アドレスが 192.0.2.17，ポート番号が 80 というパケットを送出するとどうなるだろうか．まず，v_1 では 1 番目のルールに合致し，v_2 へと転送される．v_2 では 2 番目のルールに合致し，右下のノートパソコンへと転送される．このように，各ノードでの処理の組合せによって，パケットの経路は決定される．

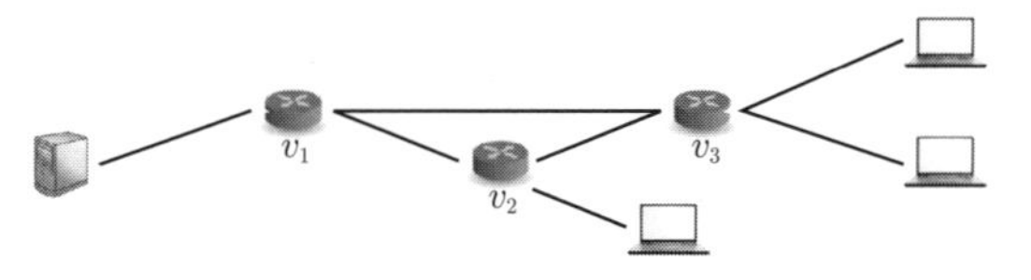

ノード v_1 のルール表

IP アドレス	TCP ポート番号	処　理
192.0.2.16 〜 31	80	v_2 に転送
203.0.113.0 〜 255	全て	左のサーバに転送
192.0.2.0 〜 127	全て	廃棄
192.0.2.127 〜 255	0 〜 1023	v_2 に転送
全て	全て	v_3 に転送

ノード v_2 のルール表

IP アドレス	TCP ポート番号	処　理
192.0.2.24 〜 31	0 〜 1023	廃棄
192.0.2.0 〜 31	80	右下のノートパソコンに転送
203.0.113.0 〜 255	全て	v_1 に転送
192.0.2.0 〜 255	全て	廃棄
全て	全て	v_3 に転送

図 6.2　ノードの設定例

ネットワークを運用していると，ルールを追加あるいは削除することが頻繁にある．その結果，追加・削除したルールだけでなく，合致条件が重なるほかのルールに影響が及ぶため，思わぬ副作用に見舞われることがある．例えば，図 6.2 の v_2 に対し，アドレスが 192.0.2.24〜27, ポート番号が 0〜127 というルールを表の先頭に追加すると，どのルールが影響を受けるだろうか．答えは 1 番目と 4 番目のルールであるが，このような小さな例ですら影響を把握するには慣れが必要である．実際のノードには何千ものルールが設定されるため，目で見て影響範囲を理解しようとするのは現実的ではない．更に，パケットは複数のノードによって連続して処理されるため，あるノードの設定変更によってパケットの経路が変更されると，多くの後続ノードも影響を受ける．

本章で紹介する検証手法は，まず各ルールに合致するアドレスやポート番号の範囲を BDD で表現する．次にノード間を通過するパケットを調べ，最後に設定の正しさを検証する検査式を示す．

本章では数理的側面に集中するため，以下のようにネットワークを簡略化して記述する．例えば，IP アドレスの範囲を指定するときは 192.0.2.16/29 のように接頭辞長（prefix length）を用いる方法が一般的であるが，最小値と最大値で指定する．実際のネットワークでは，パケットを区別するためにプロトコル種や仮想ネットワーク（VLAN）などを条件に用いることもある．本章ではアドレスとポート番号のみを扱うが，検証手法はこれらの条件も扱うように拡張できる．一般には，リンクや仮想ネットワークごとに別々のルール表を設定することもあるが，ノードごとに一つとして説明する．ノードに複数のルール表を設定する場合は，それぞれのルール表を別ノードとみなして理論を適用すればよい．本章ではルールの設定手段は問わない．ルールは人手で設定されるだけでなく，経路制御プロトコルによって自動的に設定されることもあり，相互干渉によって不具合が発生することも多い．

6.3　範囲を表す BDD

4, 5 章では，変数 $x_i \in \{0,1\}$ でリンク状態を表した．本章では，x_i はパケットヘッダの i 番目のビット値を表す．また，ビット列 $\boldsymbol{x} = (x_1, x_2, \cdots, x_m)$ を 2 進数とし，値をアドレスやポート番号とする．ビット列から値への変換は

$$(x_1 x_2 \cdots x_m)_2 = \sum_{i=1}^{m} x_i 2^{i-1} \tag{6.3}$$

のように行う．ここで，左辺の下添えの 2 は「2 進数」であることを示す．例えば，$\boldsymbol{x} = (0,1,1)$ というビット列を値に変換すると $(011)_2 = 3$ となる．また，あるビットの値が未定であることを $*$ で表す．$\boldsymbol{x} = (0,1,*)$ は $(0,1,0)$ あるいは $(0,1,1)$ であり，範囲 $(01*)_2 = [2,3]$ を表す．

まず，アドレスかポート番号のいずれかのみが指定されているとし，一組の範囲を表す BDD を構築する．**図 6.3** は，$m = 3$ としたときに範囲 $[1,5]$ を表す BDD である．図 6.3 の表に示すように，$(001)_2 = 1$ から $(101)_2 = 5$ までが $\top$，ほかが $\bot$ となる．**図 6.4** を用いて，図 6.3 の BDD を構築する様子を説明する．このアルゴリズムは，BDD を上から下に構築していく．根節点 s_r の

ビット列 $\boldsymbol{x}$	数　値	s_1 : $\boldsymbol{x}\in[1,5]$
(0,0,0)	$(000)_2=0$	⊥
(0,0,1)	$(001)_2=1$	⊤
(0,1,0)	$(010)_2=2$	⊤
(0,1,1)	$(011)_2=3$	⊤
(1,0,0)	$(100)_2=4$	⊤
(1,0,1)	$(101)_2=5$	⊤
(1,1,0)	$(110)_2=6$	⊥
(1,1,1)	$(111)_2=7$	⊥

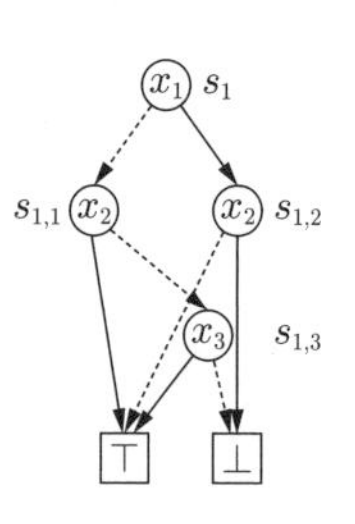

図 6.3　範囲 $[1,5]$ を表す BDD

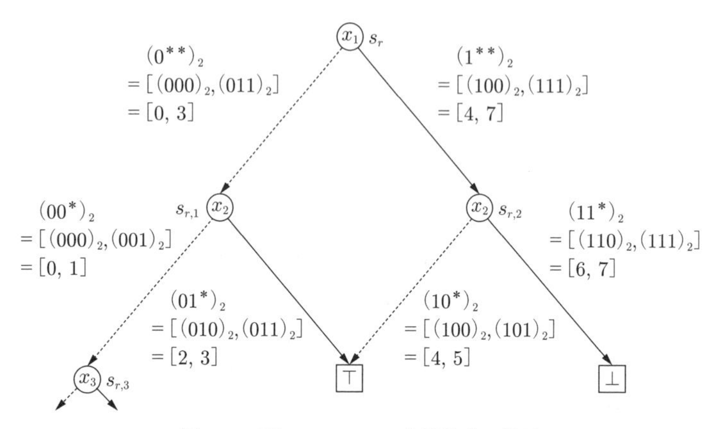

図 6.4　図 6.3 の BDD を構築する様子

0 枝は $(0,*,*)_2$ を表すから，下限値は $*$ を 0 で置き換えた $(000)_2=0$ であり，上限は 1 で置き換えた $(011)_2=3$ となる．つまり，0 枝側の範囲は $[0,3]$ である．これは，求める範囲 $[1,5]$ と部分的に重なるが，完全に含まれることはない．そこで，次の節点を作成し，$[0,3]$ を更に分割することにする．1 枝も同様で，その範囲 $[4,7]$ は $[1,5]$ と部分的に重なるため，次の節点を作成する．

次に，節点 $s_{r,1}$ に移動する．0 枝側の範囲は $[0,1]$ であり，$[1,5]$ と部分的に重なる．一方，1 枝は $[2,3]$ であり，これは $[1,5]$ に包含される（$[2,3]\subset[1,5]$）．よって，この範囲の値は全て有効であるとして ⊤ 終端節点につないでよい．節点 $s_{r,2}$ をみてみると，0 枝は $[4,5]\subset[1,5]$ であり，やはり ⊤ 終端節点につなげられる．1 枝は $[6,7]$ であり，$[1,5]$ と全く重ならない（$[6,7]\cap[1,5]=\emptyset$）．そこで，この範囲の値は全て無効であるとして ⊥ 終端節点につなぐ．

このようにして範囲を表す BDD を構築する一連の手続きをアルゴリズム Range とし，**Algorithm 24** に定義する．根節点は $i=1$ であり，その時点では全てのビットが未定 $*$ であるから，まず $\boldsymbol{x}=(*,\cdots)$ としてアルゴリズムを呼び出す．あとは再帰的に節点が生成されて，BDD 全体が構築される．なお，このアルゴリズムは各レベルに 2 個以上の頂点を作らないため，節点数は $2m$ を超えない．

Algorithm 24：Range($\boldsymbol{x}$): 範囲 $[a,b]$ を表す BDD 構築のアルゴリズム

```
Input: x = (x_1, ..., x_{i-1}, *, ..., *)
Output: s  /* [(x_1 ... x_{i-1} 0 ... 0)_2, (x_1 ... x_{i-1} 1 ... 1)_2] ∩ [a,b] を表すBDD */
1  s ← NewBddNode
2  for x_i ∈ {0,1} do
3  |   if a ≦ (x_1 ... x_i 0 ... 0)_2 and (x_1 ... x_i 1 ... 1)_2 ≦ b then /* 包含される */
4  |   |   s.x_i ← ⊤
5  |   else if b < (x_1 ... x_i 0 ... 0)_2 or (x_1 ... x_i 1 ... 1)_2 < a then /* 重ならない */
6  |   |   s.x_i ← ⊥
7  |   else                                                  /* 部分的に重なる */
8  |   |   x' ← (x_1, ..., x_i, *, ..., *)
9  |   |   s.x_i ← Range(x')
10 return s
```

図 6.2 のアドレスとポート番号のように複数の範囲によって指定されている場合について，**図 6.5** を用いて説明する．IP アドレスと TCP ポート番号はそれぞれ 32, 16 ビットであるが，簡単のためともに 3 ビットとして考える．(x_1,x_2,x_3) をアドレスビット，(x_4,x_5,x_6) をポート番号ビットとする．ここで，図のように，アドレスの範囲は $[0,1]$，ポート番号の範囲は $[1,5]$ とする．アドレスにとって (x_4,x_5,x_6) の値は何でもよいので，アルゴリズム Range を用いて (x_1,x_2,x_3) だけの BDD を構築する．逆に，ポート番号では (x_1,x_2,x_3) を無視して，(x_4,x_5,x_6) のみで BDD を構築する．ポート番号の BDD は，ビッ

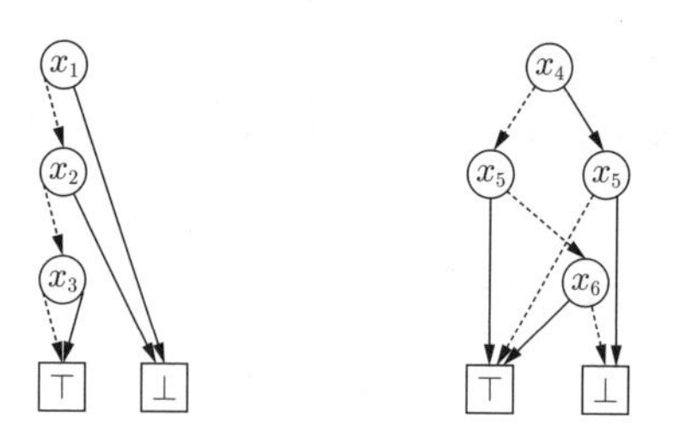

(a) アドレスの BDD　　(b) ポート番号の BDD

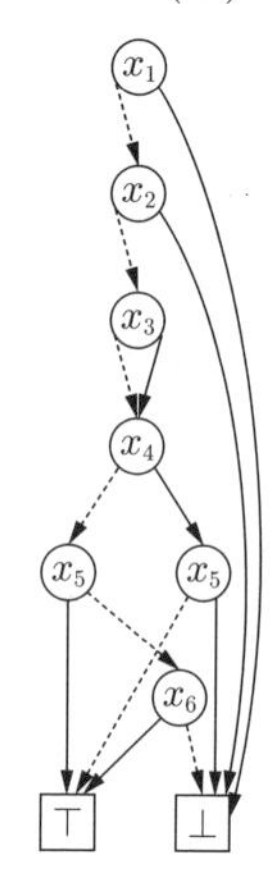

(c) アドレスとポート番号の BDD

図 6.5　アドレスが $[0,1]$，ポート番号が $[1,5]$ というルールを表す BDD

ト番号がずれている点を除けば図 6.3 と同じになる．ここで，アドレスの ⊤ 終端節点への枝を，ポート番号の根節点につなぎ替える．そうすると，アドレスとポート番号の範囲をともに満たす BDD を表現できる．

このように複数の範囲で指定されるビットの組合せは，一つの連続した範囲にはならない．図 6.5 の BDD は，$[(000001)_2 = 1, (000101)_2 = 5]$ と $[(001001)_2 = 9, (001101)_2 = 13]$ の二つの範囲の組合せを表す．このような複数範囲の組合せを**領域**（region）と呼ぶことにする．

6.4　ルール表のBDD

各ルールをBDDとして表現できるようになったので，次はルール表全体を対象とし，それぞれの処理方法が適用される条件をBDDで表現する．本章の冒頭に述べたように，条件が重なるときは最上位のルールのみが適用されるため，上位ルールの条件を除いた領域が，下位ルールに合致する条件となる．例えば図6.2のv_1のルール表では，3番目のルールに合致する領域の一部は，1番目のルールによって除去される．このため，パケットが廃棄される領域は，3番目のルールの条件から1番目の条件を差し引いた領域になる．本節では，BDDの論理演算を用いて各処理が実際に適用される領域を求める．

前節と同様にアドレスとポート番号を3ビットとし，**図6.6**を用いて説明する．図のルール表には三つのルールがある．5章で述べたようにBDDは論理関数と考えられる．前節のアルゴリズムで各ルールのBDDを構築し，ルール

ノードuのルール表

	アドレス	ポート番号	処　理
1	[0,1]	[1,5]	廃棄 <u,drop>
2	[0,0]	[0,1]	転送 <u,v>
3	[0,3]	[0,4]	廃棄 <u,drop>

合致する領域

ビット列 $\boldsymbol{x}$	アドレス ポート番号	s_1	s_2	$s_1 \vee s_2$	s_3	$s'_3 = s_3 - (s_1 \vee s_2)$	$s_1 \vee s'_3$
(0,0,0, 0,0,0)	0, 0	⊥	⊤	⊤	⊤	⊥	⊥
(0,0,0, 0,0,1)	0, 1	⊤	⊤	⊤	⊤	⊥	⊤
(0,0,0, 0,1,0)	0, 2	⊤	⊥	⊤	⊤	⊥	⊤
(0,0,0, 0,1,1)	0, 3	⊤	⊥	⊤	⊤	⊥	⊤
(0,0,0, 1,0,0)	0, 4	⊤	⊥	⊤	⊤	⊥	⊤
(0,0,0, 1,0,1)	0, 5	⊤	⊥	⊤	⊥	⊥	⊤
(0,0,0, 1,1,0)	0, 6	⊥	⊥	⊥	⊥	⊥	⊥
(0,0,0, 1,1,1)	0, 7	⊥	⊥	⊥	⊥	⊥	⊥
(0,0,1, 0,0,0)	1, 0	⊥	⊥	⊥	⊤	⊤	⊤
(0,0,1, 0,0,1)	1, 1	⊤	⊥	⊤	⊤	⊥	⊤
⋮							

図6.6　ルール表と合致領域

i の条件を論理関数 s_i とみなす.

例として，図 6.6 でパケットが廃棄される領域を求める．初めに，図のルール 1, 2 のいずれかに合致する領域を求める．これはいずれかの条件が $\top$ となる領域なので，論理和 $s_1 \vee s_2$ として得られる．次に，ルール 3 のみに合致する領域を求める．これは，ルール 3 からルール 1, 2 を差し引いた領域になる．ルール 1, 2 を差し引くということは，ルール 1, 2「ではない」領域との共通領域を求めればよいので，否定と論理積によって得られ

$$s_3 \wedge \neg(s_1 \vee s_2) = s_3 - (s_1 \vee s_2) \tag{6.4}$$

となる．ここで，$s - s' = s \wedge \neg s'$ とした．最後に，パケットが廃棄される全領域を求める．これは，ルール 1 あるいは 3 に合致する領域である．ルール 1 に合致する領域はルール 1 の条件そのものであるから，先ほど求めたルール 3 の合致領域との論理和をとればよい．これは

$$s_1 \vee \{s_3 - (s_1 \vee s_2)\} \tag{6.5}$$

のようになる．このようにして，図の最右列において $\top$ となっているビット列が廃棄領域とわかる．ノード v に転送される領域は s_2 から s_1 を差し引いた領域なので $s_2 - s_1$ となる.

BDD を用いてこれらの論理演算を行う．参考までに，廃棄領域 $s_1 \vee \{s_3 - (s_1 \vee s_2)\}$ を表す BDD を図 **6.7** に示す．この方法を任意のルール表に適用するために，一般化して説明する．先ほどと同様にルール i を論理関数 s_i とみなし，対応する処理を $t_i = \langle u, v \rangle$ とする．ここで，$\langle u, v \rangle$ はノード u から v への転送処理を表す．パケットを廃棄するときは，廃棄を表す特別なノード drop を用い，$\langle u, \mathrm{drop} \rangle$ とする．ノード drop は，全てのパケットを drop 自身に転送する．つまり，$\langle \mathrm{drop}, \mathrm{drop} \rangle$ という処理のみを行うブラックホールのようなノードと考える.

まず，$i-1$ 番目までのいずれかのルールに合致する領域を求める．これは，各ルールの論理和であるから

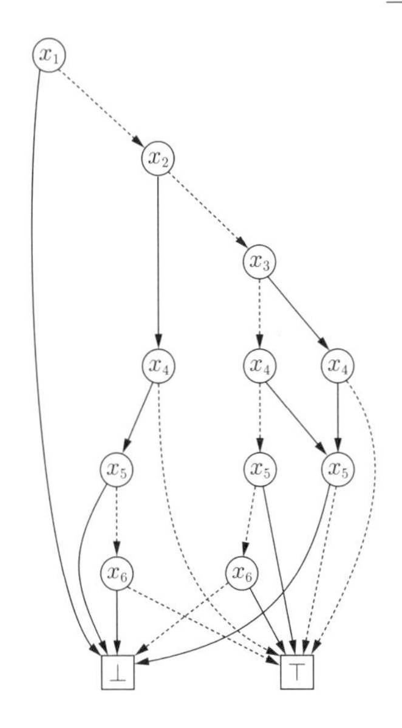

図 6.7 廃棄領域を表すBDD

$$\bigvee_{j=1}^{i-1} s_j \tag{6.6}$$

となる．次に，i 番目のルールに実際に合致する領域とは，i 番目の条件 s_i から $i-1$ 番目までに合致する領域を差し引いた範囲であるから

$$s_i - \bigvee_{j=1}^{i-1} s_j \tag{6.7}$$

となる．最後に，処理ごとに領域をまとめる．ルール数を N とすると，処理 $\langle u, v\rangle$ が適用される領域 $r_{\langle u,v\rangle}$ は

$$r_{\langle u,v\rangle} = \bigvee_{i \in \{1,2,\cdots,N\}: t_i = \langle u,v\rangle} \left(s_i - \bigvee_{j=1}^{i-1} s_j \right) \tag{6.8}$$

となる．ここで，「$i \in S$: 条件」は，集合 S に含まれる要素 i のうち，「:」の右の条件を満たす要素である．式 (6.8) では処理 $\langle u, v\rangle$ のルールを選択している．このようにして各処理が適用される領域が求められる．

6.5　ノード間を通過するパケット

各ノードのルール表を BDD によって表現できるようになったので，次はノード間を通過するパケットの条件を調べ，その領域を BDD として表現する．ある領域のパケットは，隣接ノードによってほかのノードに転送されたり，廃棄されたりするかもしれない．

もし領域 $r_{\langle u,v\rangle}$ のパケットがノード u に届かなければ，処理 $\langle u,v\rangle$ は決して実行されず，u から v にパケットが転送されることはない．このように，ノード間を通過する領域を求めるためには，経路上のノードが適用する全てのルールを考慮する必要がある．

まず，ノード間のある一つの経路に注目し，その経路に沿って転送されるパケットを調べる．**図 6.8** を例として，ノード v_1 を始点とし，v_2 を経由して v_3 に至る経路を考える．ノード v_1 は 3 種類の処理 $\langle v_1, v_2\rangle, \langle v_1, v_3\rangle, \langle v_1, \mathrm{drop}\rangle$ を行い，それぞれについて式 (6.8) を用いて領域 r_t を計算しておく．v_2 も同様である．さて，ここで経路 v_1, v_2, v_3 に従ってパケットが進むためには，v_1 で $\langle v_1, v_2\rangle$ が適用され，v_2 で $\langle v_2, v_3\rangle$ が適用されなければならない．v_1 は任意のパケットを送り出すとすると，v_1 から v_2 に転送される領域は $r_{\langle v_1,v_2\rangle}$ である．更に v_2 から v_3 に転送されるのは，v_2 に到達したパケットのうち $r_{\langle v_2,v_3\rangle}$ にも合致する領域である．それは，両者の論理積であり，$r_{\langle v_1,v_2\rangle} \wedge r_{\langle v_2,v_3\rangle}$ となる．

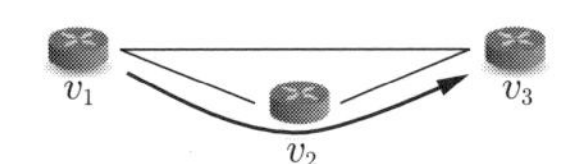

ノード v_1 のルール表

アドレス	ポート番号	処　理
		$\langle v_1, v_2\rangle$
		$\langle v_1, v_3\rangle$
		$\langle v_1, v_2\rangle$
		$\langle v_1, \mathrm{drop}\rangle$

ノード v_2 のルール表

アドレス	ポート番号	処　理
		$\langle v_2, v_1\rangle$
		$\langle v_2, v_3\rangle$
		$\langle v_2, \mathrm{drop}\rangle$

図 6.8　経路 v_1, v_2, v_3 を通過するときに適用されるルール（条件は省略）

図 6.8 の例を一般化して定義する．経路 $v_1, v_2, \cdots$ を通過するときに適用される一連の処理を $T = \{\langle v_1, v_2\rangle, \langle v_2, v_3\rangle, \cdots\}$ とする．この経路を通過する領域は，経路上の全ての処理に合致する領域であり

$$\bigwedge_{t \in T} r_t \tag{6.9}$$

となる．

続いて，特定の経路に限定せずに，任意の経路によって指定したノード間を通過する領域を求める．ノード間の全経路に対して通過領域を計算し，それらの論理和を求めれば，ノード間を通過する完全な領域が得られる．以下では，**動的計画法**を応用して効率的に計算するアルゴリズムを説明する．

図 6.9 を用いて，いずれかの経路を通ってノード v_1 から v_4 に到達するような領域 $r_{\langle v_1,\cdots,v_4\rangle}$ について考える．

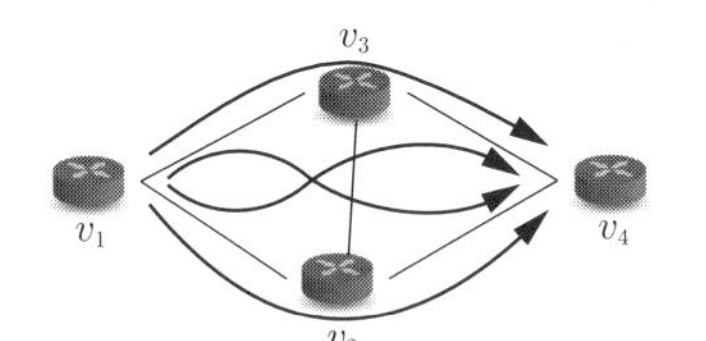

図 6.9　ノード v_1 から v_4 に到達する全ての経路

もし，v_4 の隣接ノードである v_2, v_3 への到達領域がわかっていれば，つまり $r_{\langle v_1,\cdots,v_2\rangle}, r_{\langle v_1,\cdots,v_3\rangle}$ が既知であれば，v_4 への到達領域は各隣接ノードに式 (6.9) を適用し，それらの論理和をとって

$$r_{\langle v_1,\cdots,v_4\rangle} = \left(r_{\langle v_1,\cdots,v_2\rangle} \wedge r_{\langle v_2,v_4\rangle}\right) \vee \left(r_{\langle v_1,\cdots,v_3\rangle} \wedge r_{\langle v_3,v_4\rangle}\right) \tag{6.10}$$

とわかる．v_3 への到達領域も同じように，隣接ノードである v_1, v_2, v_4 への到達領域から求められる．v_2 も同様である．結局，この問題は以下の連立方程式によって表される．

$$\begin{aligned}
r_{\langle v_1,\cdots,v_2\rangle} &= r_{\langle v_1,v_2\rangle} \vee \left(r_{\langle v_1,\cdots,v_3\rangle} \wedge r_{\langle v_3,v_2\rangle}\right) \vee \left(r_{\langle v_1,\cdots,v_4\rangle} \wedge r_{\langle v_4,v_2\rangle}\right) \\
r_{\langle v_1,\cdots,v_3\rangle} &= r_{\langle v_1,v_3\rangle} \vee \left(r_{\langle v_1,\cdots,v_2\rangle} \wedge r_{\langle v_2,v_3\rangle}\right) \vee \left(r_{\langle v_1,\cdots,v_4\rangle} \wedge r_{\langle v_4,v_3\rangle}\right) \\
r_{\langle v_1,\cdots,v_4\rangle} &= \left(r_{\langle v_1,\cdots,v_2\rangle} \wedge r_{\langle v_2,v_4\rangle}\right) \vee \left(r_{\langle v_1,\cdots,v_3\rangle} \wedge r_{\langle v_3,v_4\rangle}\right)
\end{aligned} \tag{6.11}$$

この方程式は反復的に解くことができる．まず，隣接ノードのみに到達するとして初期化する．

$$
\begin{aligned}
r_{\langle v_1,\cdots,v_2\rangle} &= r_{\langle v_1,v_2\rangle} \\
r_{\langle v_1,\cdots,v_3\rangle} &= r_{\langle v_1,v_3\rangle} \\
r_{\langle v_1,\cdots,v_4\rangle} &= \bot
\end{aligned}
\tag{6.12}
$$

ここで，最後の式はいずれのビット値でも $\bot$ になるということなので，恒等式である．これを BDD で表すには，**図 6.10** のようにビット列の値に関わらず $\bot$ 終端節点にたどりつくようにすればよい．

図 6.10　恒等式 $\bot$ を表す BDD

次に，式 (6.11) に従って，$r_{\langle v_1,\cdots,v_2\rangle}, r_{\langle v_1,\cdots,v_3\rangle}, r_{\langle v_1,\cdots,v_4\rangle}$ を更新する．すると，始点 v_1 から 2 ホップで到達可能な領域を得ることができる．

$$
\begin{aligned}
r_{\langle v_1,\cdots,v_2\rangle} &= r_{\langle v_1,v_2\rangle} \vee (r_{\langle v_1,v_3\rangle} \wedge r_{\langle v_3,v_2\rangle}) \\
r_{\langle v_1,\cdots,v_3\rangle} &= r_{\langle v_1,v_3\rangle} \vee (r_{\langle v_1,v_2\rangle} \wedge r_{\langle v_2,v_3\rangle}) \\
r_{\langle v_1,\cdots,v_4\rangle} &= (r_{\langle v_1,v_2\rangle} \wedge r_{\langle v_2,v_4\rangle}) \vee (r_{\langle v_1,v_3\rangle} \wedge r_{\langle v_3,v_4\rangle})
\end{aligned}
\tag{6.13}
$$

図 6.9 のネットワークには 4 ノードしかなく，ホップ数は最大でも 3 であるから，次の更新で任意の経路を通過したときの到達可能領域が得られる．ここでは，v_4 に到達する領域のみに興味があるため，$r_{\langle v_1,\cdots,v_4\rangle}$ のみ計算する．

$$r_{\langle v_1,\cdots,v_4\rangle} = (r_{\langle v_1,v_2\rangle} \wedge r_{\langle v_2,v_4\rangle}) \vee (r_{\langle v_1,v_3\rangle} \wedge r_{\langle v_3,v_4\rangle}) \vee (r_{\langle v_1,v_2\rangle} \wedge r_{\langle v_2,v_3\rangle} \wedge r_{\langle v_3,v_4\rangle}) \vee (r_{\langle v_1,v_3\rangle} \wedge r_{\langle v_3,v_2\rangle} \wedge r_{\langle v_2,v_4\rangle}) \tag{6.14}$$

一連の論理演算を5章のアルゴリズムによって実行すれば，$r_{\langle v_1,\cdots,v_4\rangle}$ をBDDとして得られる．

図6.9の例を一般化し，ノード u から u' への到達領域を求める．まず，各ノード $\forall v \in V$ について次の方程式を定義する．

$$r_{\langle u,\cdots,v\rangle} = r_{\langle u,v\rangle} \vee \bigvee_{w\in V:(w,v)\in E} (r_{\langle u,\cdots,w\rangle} \wedge r_{\langle w,v\rangle}) \tag{6.15}$$

これは，式(6.11)を一般化した連立方程式である．次に，この連立方程式を**Algorithm 25**に定義したREACHによって解く．アルゴリズムの1行目で u から v への到達領域を初期化している．u と v が隣接していないときは，$\bot$ にしておく（u 自身への転送 $\langle u,u\rangle$ も $\bot$ とする）．2〜5行のループはアルゴリズムを1ホップずつ進めている．ループの繰返し回数は，可能な最大ホップ数である $|V|-1$ である．3〜5行目では，w を経由して i ホップで v に到達する領域を求め，$r_{\langle u,\cdots,v\rangle}$ に追加している．このアルゴリズムは，最も内側のループを最大でも $|V|^3$ 回ほどしか実行しない．一方で，経路数は $|V|^3$ より大きくなりうる（指数的に増大する）ため，経路を一つずつ調べる方法よりずっと効率

Algorithm 25：REACH(u, u'): ノード u から u' への到達領域

Input: $u, u' \in V$ /* 始終点ノード */

Output: $r_{\langle u,\cdots,u'\rangle}$ /* u' への到達領域 */

```
1 r⟨u,…,v⟩ ← r⟨u,v⟩ ∀v ∈ V              /* 隣接ノード v への転送領域で初期化 */
2 while i ∈ {2, …, |V| − 1} do            /* 1ホップずつ反復 */
3   for v ∈ V do
4     for w ∈ V : (v, w) ∈ E do           /* 隣接ノード w 経由の領域で更新 */
5       r⟨u,…,v⟩ ← r⟨u,…,v⟩ ∨ (r⟨u,…,w⟩ ∧ r⟨w,v⟩)
6 return r⟨u,…,u'⟩
```

的であることがわかる．これは，ホップごとに計算結果を保存し，再利用するという動的計画法の考え方による．

6.6 検証の実施

前節のアルゴリズム REACH によって，指定されたノード間を通過する領域を BDD として得た．この BDD を用いると，**表 6.1** に示したようなさまざまな**属性**（property）を検査できる．

表 6.1　検証属性

属性名	検査式
u から u' へは到達しない	$r_{\langle u,\cdots,u'\rangle}=\bot$
ループしない	$r_{\langle u,\cdots,u\rangle}=\bot$
u から u' に到達する	$r_{\langle u,\cdots,u'\rangle}=\top$
アドレス・ポートが s のときに到達しない	$s\wedge r_{\langle u,\cdots,u'\rangle}=\bot$
アドレス・ポートが s ならば到達する	$s\rightarrow r_{\langle u,\cdots,u'\rangle}=\top$

表 6.1 の第 1 属性は，パケット転送が制限されていることを検証する．どのようなパケットもノード u から u' に到達してはならない．パケットヘッダのビット列 $\boldsymbol{x}$ に関わらず，$r_{\langle u,\cdots,u'\rangle}$ が $\top$ にならないということである．つまり

$$r_{\langle u,\cdots,u'\rangle}(\boldsymbol{x})=\bot,\ \forall\boldsymbol{x}\in\{0,1\}^m \tag{6.16}$$

であり，得られた BDD が恒等式 $\bot$ を表していることを確かめればよい．なお，図 6.10 で示したように，BDD s が恒等式 $s=\bot$（あるいは $s=\top$）であるとは，$\top$（$\bot$）を指す枝が一つもないということである．このように BDD が恒等式であることは簡単に確かめられる．

第 1 属性を応用すると，第 2 属性のように経路のループを調べることもできる．$r_{\langle u,\cdots,u\rangle}$ は，ノード u から送り出されて u に戻ってくる領域を表す．そのような領域は存在してはならないので，BDD は恒等式 $\bot$ でなければならない．そうでなければ，経路がループしているはずである．

全てのパケットが u' を経由するように設定すべき状況もある．例えば，u'

がファイアウォールであれば，必ず通過するように設定するかもしれない．これは，表 6.1 の第 3 属性のように，BDD が恒等式 $\top$ であることを確かめればよい．

これらの検証属性を，特定のアドレスやポートについてのみ実行したいこともある．例えば，ある範囲のアドレスやポート番号に限定して，指定したノードに到達してはならないという条件を検証する．これは，アドレスやポート番号が指定する領域を s とすると，領域を表す s と到達条件を表す $r_{\langle u,\cdots,u'\rangle}$ が同時に成立しないことを意味する．よって，論理積を用いて表 6.1 の第 4 属性のように記述できる．

逆に，特定のアドレスやポートであればパケットは到達するはずだという検証を行うこともできる．これは含意という論理演算を用いて表 6.1 の第 5 属性のように記述される．ここで，含意は $a \to b = \neg a \vee b$ であり，否定と論理和によって計算できる．

$$\top \to \top = \top, \quad \top \to \bot = \bot, \quad \bot \to \top = \top, \quad \bot \to \bot = \top \tag{6.17}$$

含意は非対称であるため理解しにくいかもしれないが，次のように考えるとよい．パケットヘッダのビット列を $\boldsymbol{x}$ としたとき，アドレスやポート番号が s に当てはまるならば（$s(\boldsymbol{x}) = \top$ ならば），u' に到達しなければならない（$r_{\langle u,\cdots,u'\rangle}(\boldsymbol{x}) = \top$ でなければならない）．当てはまらないならば（$s(\boldsymbol{x}) = \bot$ ならば），検証対象ではない（$r_{\langle u,\cdots,u'\rangle}(\boldsymbol{x})$ は $\bot$ でも $\top$ でもよい）．

検証によって違反が見つかったときには，違反となった属性名に加えて反例をいくつか挙げると，修正する際の参考になる．例えば，表 6.1 の第 1, 2, 4 属性のように $\bot$ になるべき検証属性では，検査式の左辺を表す BDD において $\top$ 終端節点に到達するパスをたどると，対応するビット列 $\boldsymbol{x}$ は検証属性に違反するアドレスやポートを表す．第 3, 5 属性のように $\top$ になるべき検査属性では，検査式左辺の BDD 上で $\bot$ 終端節点に到達するパスをたどればよい．

Software-Defined Networking

執筆時点で注目されているネットワークのトピックに，SDN（Software-Defined Networking）や OpenFlow（SDN のコンセプトを具現化したプロトコル）がある[74]．従来のネットワークは，単一故障点を排除するために各ノードが独立して動作することを重視しており，ノードという個々のハードウェアの視点でネットワークを運用していた．このため，ネットワーク全体像を把握することが難しく，設定ミスに気づきにくいなどの課題があった．SDN ではコントローラと呼ばれるソフトウェアによってネットワーク全体を管理するため，ネットワークを運用しやすくなり，より高度な技術を導入できると期待されている．その一つが，本章で紹介した設定検証手法である．SDN では仮想化や動的制御によりネットワークが複雑化すると予想されているため，設定検証は欠かせない技術になると考えている．

章　末　問　題

【1】 6.2 節で述べたように，IP アドレスの範囲は接頭辞によって指定される．接頭辞で指定された範囲を表す BDD の構築アルゴリズムを定義せよ（ヒント：BDD は直線状になり，終端を除く節点数は接頭辞長に等しくなる）．

【2】 ユーザからの要求を複数サーバで分散して処理するときには，アドレスの接頭辞ではなく接尾辞（suffix）によって担当サーバを決定することがある．つまり，アドレスの末尾ビットのみが指定され，先頭ビットは任意 * となる．このようなルールを BDD で表現できるか（ヒント：前問を上下逆にしたような BDD が得られる）．

【3】 6.4 節の BDD は，アドレスを表すビットを上にし，ポート番号のビットを下にした．この順序は逆にしても構わないが，BDD の節点数にはどのような影響がありそうか（ヒント：アドレスの BDD が直線状であるのに対し，ポート番号は図 6.3 のように幅を持つ）．

【4】 ファイアウォールは，パケットを許可と廃棄の 2 種類に分類する．つまり，2 種類の処理だけを行うノードと考えられる．6.4 節の BDD は，ファイアウォールのパケット分類処理にも利用できる．それでは，BDD を用いて 3 種類以上の処理を分類するにはどうすればよいか（ヒント：処理番号を 2 進数で表してビットごとに BDD を構築する（これは BDD ベクトルと呼ばれる技法である），あ

るいは終端ノードを任意数に増やした一般化 BDD を導入する（multi–valued decision diagram と呼ばれる）[60]）．

【5】 ルール表では，MAC アドレスや VLAN タグのようにパケットヘッダを書き換える処理が指定されることもある．図 6.8 の v_1 が転送前にアドレスを書き換える場合，式 (6.9) では経路の通過領域を計算できなくなる．最終的に v_3 に到達する領域（書換え後の領域）を求めるにはどうすればよいか（ヒント：v_1 で合致する領域を求めたあと，領域を変換してから v_2 での合致領域を求めればよい）．

第7章 ネットワークはどのような形をしているのか

実世界にはグラフやネットワークでモデル化できるものが多々ある．今やなくてはならない社会インフラであるインターネットを初め，WWWのハイパーリンクでつながれたページ全体の接続関係，論文の被引用関係，人間関係，企業間取引関係，生物の神経回路網，生体内のタンパク質相互作用，食物連鎖，言語における単語間の関係など，情報科学・社会科学・経済学・生命科学など幅広い分野において，ネットワーク構造を見いだすことができる．以前はデータを収集することは困難であったが，近年のコンピュータ技術の発達によってデータ収集能力が向上し，比較的容易になってきた．それとともに，実世界に存在するさまざまなネットワークの構造には特徴的な性質があることがわかってきた．そのような性質をうまく利用すれば効率的なネットワークの設計や制御に反映できる可能性が高い．

本章では，現実のネットワークの性質と，それを説明するネットワーク生成メカニズムを紹介する．更に，コミュニティ構造を効率よく見つけるアルゴリズムについても紹介する．

7.1 現実のさまざまなネットワーク

インターネットは，今では私たちの普段の生活に入り込み，なくてはならない社会基盤となるまでに大きく発展した．しかし，インターネットを日常的に利用する人々すべてが，インターネットというものがどのような姿をしているのか知っているわけではない．**図7.1**に，それを示してみよう．これは，インターネットの接続関係を表したものである[76),77)]．正確には，一つ一つの頂点はAS（Autonomous System，自律システム），つまりISP（Internet Service

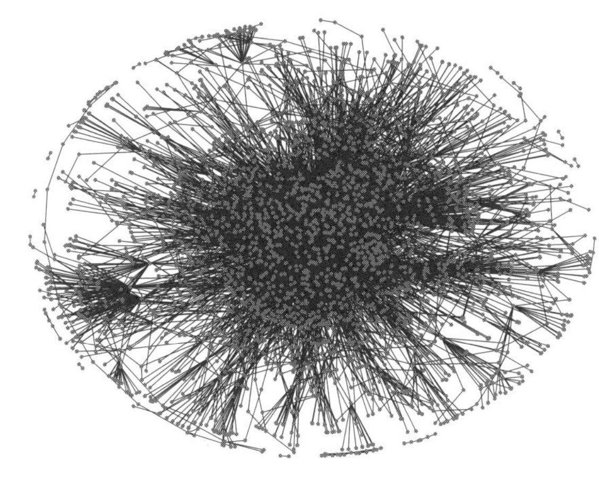

図 **7.1** インターネット（一部）

Provider，インターネット接続事業者）・企業・大学などのネットワークを表しており，頂点と頂点の間の線分は AS 間の接続回線（リンク）を表している．これを AS ネットワークということもある．AS は，それ自体，情報を交換する機器であるルータがリンクでつながれたネットワークでもある．インターネットは，AS が管理するネットワークが相互に接続することによってできあがっている．どの AS 間で相互接続するかは，AS 間の交渉によって決まり，誰かが指示するわけではない．意外なことかもしれないが，インターネット全体を監視して制御したり，設計する管理組織は存在しない．しかし，インターネットにおいて情報をやり取りするための制御法は決まっているので，個人の PC・ルータ・AS などがそれに従って動作することによって，メールをやり取りしたり，ホームページを見たりすることができるわけである．

ネットワークはインターネットだけに限らない．図 **7.2** は，Wikipedia における参照関係を表したネットワークの一部である．用語の説明ページに含まれるほかの用語の説明ページへハイパーリンクで参照されているため，用語と用語の接続関係は有向グラフで表現できる．

Twitter におけるフォロー・フォロワー関係もネットワーク（図 **7.3**）を形成する．人を頂点として表し，ある人のフォロー・フォロワー関係にある 462 人

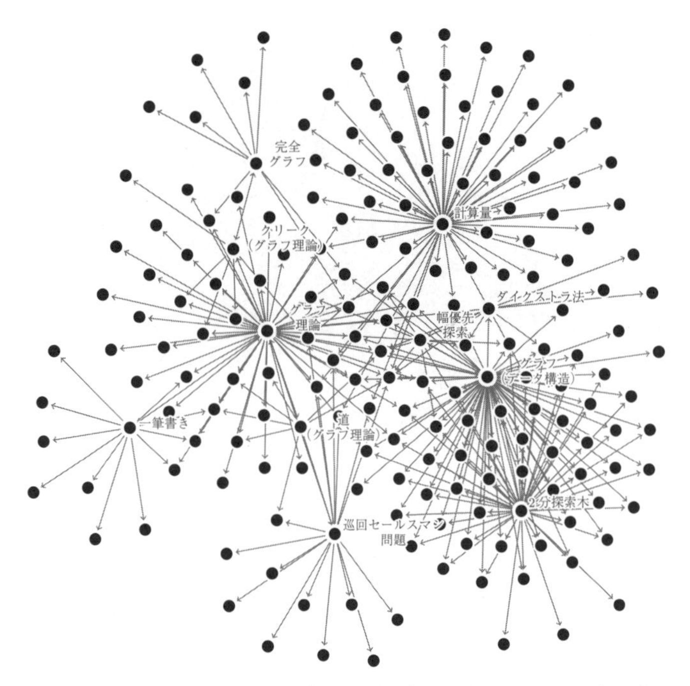

図 **7.2**　Wikipedia における参照関係を表したネットワーク（一部）

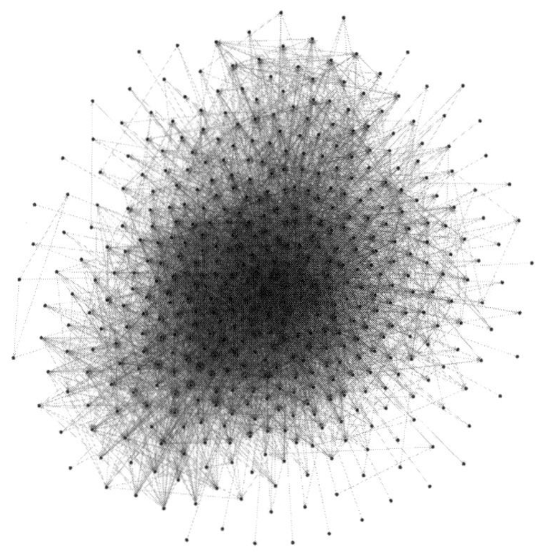

図 **7.3**　Twitter におけるフォロー・フォロワー
関係ネットワーク（一部）

について，相互にフォロー・フォロワー関係がある者の間を辺でつないでいる．

このような，実世界に存在するさまざまなネットワークの構造には，成り立ちの背景が異なるものの，共通して有する特徴的な性質があるものも少なくないことがわかってきた．また，なぜそのような性質を持つのか，ネットワークの生成メカニズムも調べられてきた．次節ではそれらを紹介する．

7.2 現実のネットワークの構造

7.2.1 現実のネットワークに見られる性質

実世界に存在するさまざまなネットワークの構造には，どのような特徴的な性質があるだろうか．

最初に挙げるべき性質は，次数の非一様性である．次数 k をもつ頂点の数の割合 $r(k)$ を，k に関する関数とみて，そのグラフの**次数分布**（degree distribution）という．グラフの次数分布が

$$k^{-\gamma} \quad (\text{べき指数 } \gamma > 0 \text{ は定数}) \tag{7.1}$$

に比例する場合，次数分布が**べき乗則**（power law）に従うという．直観的には，小さな次数の頂点は多く，大きな次数の頂点は少ないという偏りがあるが，少ないながらも大きな次数の頂点が極端に少ないわけではないことを意味している．このような偏りがあるため，正規分布のように平均的な次数の頂点が多いこともなく，ごく一部の頂点だけが異常に突出した次数をもつということもない．そのため，この性質をもつネットワークは，分布の偏りを特徴づける平均的な尺度（スケール）が存在しないということから，**スケールフリー**（scale-free）とも呼ばれている．

図 7.4 は，図 7.1 のネットワークの次数分布を表している．横軸は次数（degree），縦軸はその次数の頂点の個数（frequency）とし，両軸を対数軸でとった両対数グラフで描いている．なお，関数 $y = x^{-\gamma}$ を，XY 軸をそれぞれ対数でとった X–Y 平面で描くと，$Y = \log y$，$X = \log x$ なので，$Y = -\gamma X$ とな

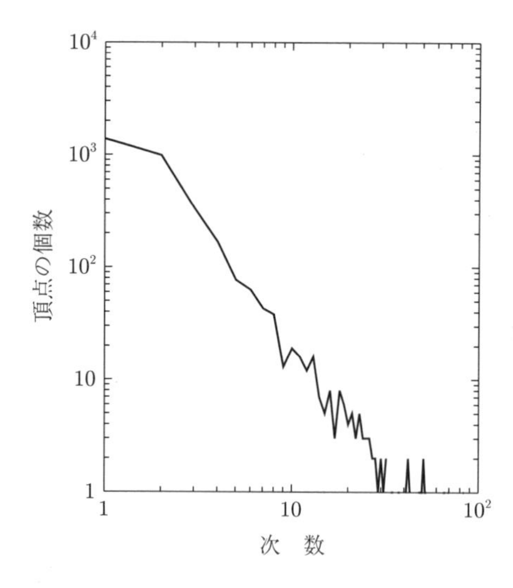

図 7.4　インターネットの次数分布

り，傾きが $-\gamma$ の直線になる．逆にいえば，次数分布を両対数グラフで描いたとき，傾きが負の直線になれば，べき乗則に従うといえる．

図 7.4 において，次数の小さいところや大きいところを除き，次数分布がほぼ直線上にあるので，べき乗則に従っているといえる．つまり，AS ネットワークはスケールフリーネットワークである．

人間関係を表すグラフの次数分布も，べき乗則に従うことが知られている．つきあいが多少なりともある人を友人と考えてみよう．大多数の人にとっては，ばらつきはあるだろうが，友人の数はそこそこであろう．一方，友人がとても多い人というのも，企業の社長やアクティブな人を考えると，ある程度の人数はいそうである．人を頂点，友人関係を辺で表すと，友人が多いということは次数が高いということを意味する．ほかにも，インターネットや，WWW のハイパーリンクでつながれたページ全体の接続関係など多くのネットワークがスケールフリーネットワークであることが知られている．もちろん，実際のネットワークにおいては，全ての次数の範囲で正確にべき乗則に従うわけではないし，道路網のように三差路や十字路の交差点がほとんどで大きな次数の頂点がそもそも存在しないネットワークもあるが，図 7.4 のようにかなりの部分でべき乗則に従うネットワークが少なからず存在するというのが興味深いところである．自然にできたネットワークには，何らかの対称性や一様性があると考えがちである．そのため，次数が著しく非一様な，それもべき乗則に従うネットワークが実世界で多数見つかったことは衝撃的であった．そのため，世紀の変わり目の時期に相次いだスケールフリー性の発見により，ネットワークの構造の研究が大きな注目を集めた．

なお，スケールフリーであるグラフの一部分を取り出すと，その次数分布もスケールフリーであることがある．更にその一部だけ取り出しても同様である．生化学的代謝の相互作用ネットワークなどはこのような階層性を持つ．

次に挙げる性質は，実世界のネットワークは局所的に密であることが多いということである．イメージをつかみやすいように，人間関係を例にとって説明する．自分の友人 2 人を考えてみよう．すると，その 2 人どうしもやはり友人である可能性が高い．自分の友人のそのまた友人が自分の直接の友人である可能性が高いことを意味し,「世間は狭い」ということに対応する．言い換えれば，自分と友人 2 人を表す三つの頂点が互いに辺で結ばれた三角形の数が多いということであるが，このような性質は，人間関係に限らずさまざまなネットワークで観察され，クラスタ性が高いという．次数 k の頂点 v における**クラスタ係数**（cluster coefficient）とは，v に隣接している k 個の頂点から二つの頂点を選ぶ $k(k-1)/2$ 通りの組合せのうち，実際に存在する辺数の割合と定義する．つまり

$$C(v) = \frac{v\text{ の隣接頂点を両端点にもつ辺の数}}{k(k-1)/2} \tag{7.2}$$

と定義する．なお，次数 1 や 0 の頂点のクラスタ係数は 0 とする．また，グラフ全体のクラスタ係数 C を，全ての頂点のクラスタ係数の平均値と定義する．頂点 v に隣接する二つの頂点の間に辺があるならば，v とあわせて三角形ができる．したがって，v におけるクラスタ係数とは，v とそれに隣接する二つの頂点から構成しうるすべての三角形のうち，グラフ内に実際に存在するものの割合ともみなせる．この考え方を拡張して四角形の割合を用いることもできる．直

感的には，「局所的に密」なグラフであればクラスタ係数は高い．1章の図1.1のグラフでは，$C(v_4) = 3/6 = 1/2$，$C = 30/54$ (0.56) となっている．木のクラスタ性は低く（クラスタ係数は0），完全グラフは高い（クラスタ係数は1）．現実のネットワークのクラスタ係数は，規模によらず0.1〜0.7程度と観測されている．

次の性質は，実世界のネットワークの平均頂点間距離は小さいということである．これも人間関係を例にとって説明する．有名な俳優やスポーツ選手など，直接知り合いではない誰かを思い浮かべてみよう．その人に連絡を取るために，友人を介して伝言を渡しに行ってもらうとする．このとき，何人の友人を介する必要があるだろうか．100人や1 000人が必要となることはなく，意外なことに，ほとんどの場合は高々10人程度である．これは，有名人が相手だからでなく，ごく市井の人相手でも同じであることが知られている．1969年，トラバースとミルグラムは，アメリカの西海岸に住む人が，東海岸に住むランダムに選んだ人にまで手紙を届ける実験を行った．ファーストネームで呼び合うくらいの親しい人にしか手紙を渡せないという条件で，手紙をリレーのように転送していってもらうと，平均6回程度の転送で届いたという．これは，人間関係ネットワークは極めて巨大なものにも関わらず，平均頂点間距離がとても小さいことを示唆している．まさしく実際に “It’s a small world!” なのである．

前に挙げたクラスタ性の高さと，平均頂点間距離が小さいことをあわせて，**スモールワールド** (small world) 性があるということがある．人間関係だけでなく，スモールワールド性をもつネットワークが数多く発見されている．

次数の相関も重要である．次数にばらつきがある場合に，隣接している二つの頂点の次数には相関があることが多い．次数の大きい（小さい）頂点に隣接する点の次数も大きい（小さい）とき，正の次数相関があるという．逆に，隣接する二つの点の次数が大きく異なるとき，負の次数相関があるという．

これまで挙げてきた性質は，実世界のさまざまなネットワークで見られる．もちろん，すべてのネットワークが上記すべての性質をもつわけではなく，個々に状況は異なるのではあるが，少なくとも格子や木や完全グラフなど単純な構造のグラフにはなっていない．では，なぜこのような特徴的な性質をもつのだろうか？ インターネットのように，誰かの指示によるのではなく，自律的につながってできあがったものに，非一様な構造が出現するには，何らかの原理が背景に隠れているからであろう．この項で挙げたような性質の発見と同時に，その原理を解明する研究が始まり，さまざまな仮説が提案された．次項でそれらのいくつかを紹介する．

7.2.2 ネットワーク生成モデル

ネットワークができる原理を解明するために，さまざまな仮説（生成モデル）が検討されてきた．

まず，**ランダムグラフ**（random graph）を紹介する．n 個の要素からなる頂点集合 V をもつグラフは全部で $2^{n(n-1)/2}$ 個ある（任意の二つの頂点の組は全部で ${}_nC_2 = n(n-1)/2$ あるから）．これらのグラフの中から，ある確率でランダムに選ばれて生成されたグラフをランダムグラフという．どのように選ぶかによって，多くのバリエーションがある．エルデシュ（P. Erdős）とレーニイ（A. Rényí）によって考えられたランダムグラフは次のようなものである．任意の二つの頂点の組 $\{v_i, v_j\}(\subseteq V \times V)$ に対して，辺 (v_i, v_j) が存在する確率を p $(0 \leqq p \leqq 1)$，存在しない確率を $1-p$ とする．辺が存在するかどうかは，$n(n-1)/2$ 通りの組それぞれについて独立に定まるとする．全ての 2 頂点の組について，その頂点間に辺が存在するか否かを確率的に決めることによって，一つのグラフが生成される．このようにグラフを生成するモデルは，エルデシュとレーニイの頭文字をとって **ER モデル**とも呼ばれる．これは現実のネットワーク生成モデルとして考えられたものではなく，もともとはグラフ理論の定理の証明のために導入されたものである．**図 7.5** に ER モデルで生成されたグラフの例を挙げる．次数が k である確率 $p(k)$ を求めてみよう．ある点 v の次数が k ということは，v 以外の $n-1$ 個の頂点のうち k 個との間に辺があり，それ以外はないということである．したがって，ある k 個の頂点を指定すれば，それらとの間にのみ辺がある確率は $p^k(1-p)^{n-1-k}$ である．このような k 個

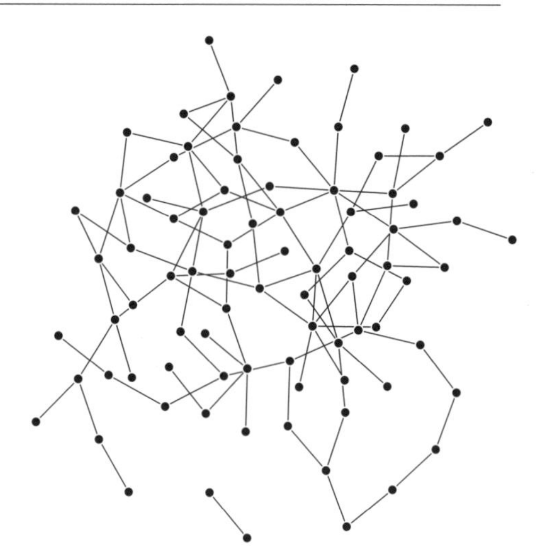

図 7.5　ER モデルによって生成されたグラフの例

の頂点の組は ${}_{n-1}C_k$ 個あるので，結局

$$p(k) = {}_{n-1}C_k p^k (1-p)^{n-1-k} \tag{7.3}$$

である．右辺は二項分布というものである．$\lambda = (n-1)p =$ 平均次数 を一定に保ちつつ $n \to \infty$ としたとき，$p(k) = e^{-\lambda}\lambda^k/k!$ に収束することがわかっており，右辺はポアソン分布である．ランダムグラフはとても自然な生成モデルのように思えるが，この式を見てわかるように，べき乗則に従っていない．

クラスタ係数は次のように計算できる．次数 k のある点 v の隣接点において，二つの点の組は全部で ${}_kC_2$ 通りあり，それぞれに辺ができる確率は独立に p であるから，隣接点間の辺の本数の期待値は ${}_kC_2 \cdot p$ であり，v におけるクラスタ係数の期待値は ${}_kC_2 \cdot p/{}_kC_2 = p$ である．グラフ全体のクラスタ係数は，$p \cdot n/n = p$ となる．数学的には粗い議論であるが，結果はこれで正しい．また，平均点間距離の計算は分量が多くなるので省略するが，$\log n$ に比例することがわかっている[78]．

スケールフリーネットワークを生成できるモデルは，1999 年，バラバシ（A.L. Barabási）とアルバート（R. Albert）によって提案された[79),80]．このモデル

(**BA モデル**) は，**成長** (growth) と**優先的選択** (preferential attachment) の原理に基づき生成される．ここで，成長とは，時間経過に従って頂点が次々にグラフに追加されていくということであり，優先的選択とは，新たに一つの頂点が加わる際，元からある頂点のうち次数の高い頂点と高い確率で結びつきやすいということである．次数が偶然大きくなった点は，その後新しく加わった頂点とつながりやすくなるため，次数がますます大きくなりやすくなる．このようにして次数分布の非一様性が現れる．WWW を例に考えてみる．多くのリンクを集めているサイトは人気が高いといえる．新たにサイトを新設した人は，関連するほかのサイトへのリンクを張るとき，人気の高いサイトを選ぶ傾向にあるだろう．これは優先的選択をしていることに相当する．新たな AS がインターネットにつなごうとするとき，次数の高い AS，つまり多くの AS と接続している AS を相手先に選ぼうと考えることは自然である．このような AS につなげば，多くの AS に少ない AS 経由数で到達できる可能性が高いと思われるからである．

BA モデルによるグラフ生成の過程をもう少し詳しく述べると次のようになる．まず，m_0 個の頂点からなる完全グラフを初期グラフとする．頂点が一つ加わるたびに，m 本の辺を既存のグラフの頂点との間に優先的選択によってつなぐ．頂点の数が n 個の既存のグラフの頂点 v_i の次数が k_i であるとき，新しい辺が v_i につながる確率を次式で定義する．

$$\frac{k_i}{\displaystyle\sum_{j=1}^{n} k_j} \tag{7.4}$$

分母は正規化のための定数にすぎないので，既存の頂点にはその次数に比例する確率でつながるということを意味する．**図 7.6** に，$m_0 = 3, m = 2$ の場合のグラフ生成の過程の例を示す．

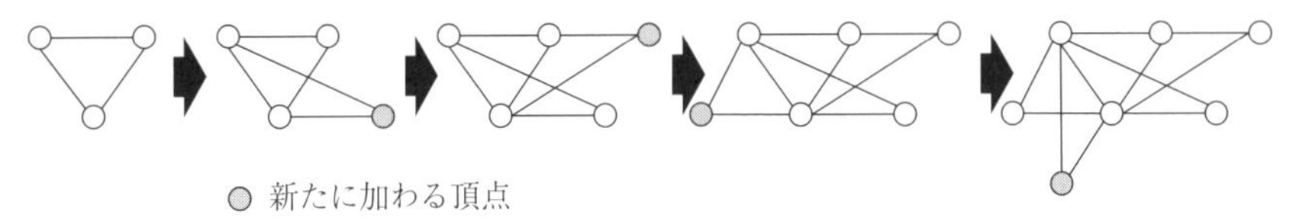

図 **7.6**　BA モデルによるグラフ生成過程

また，**図 7.7** に BA モデルで生成されたグラフの例を挙げる．図 7.7 のグラフにおいて，真ん中あたりに特に次数の大きな点がいくつかあるほか，小さな次数（特にこの場合の最小の次数である 2）の点が多いといった特徴が見て取れるが，図 7.5 のグラフにおいては，そのような大きな偏りは見受けられない．これは，BA モデルによって生成されるグラフにはスケールフリー性があるが，ER モデルによって生成されるグラフにはそれがないことを反映している．

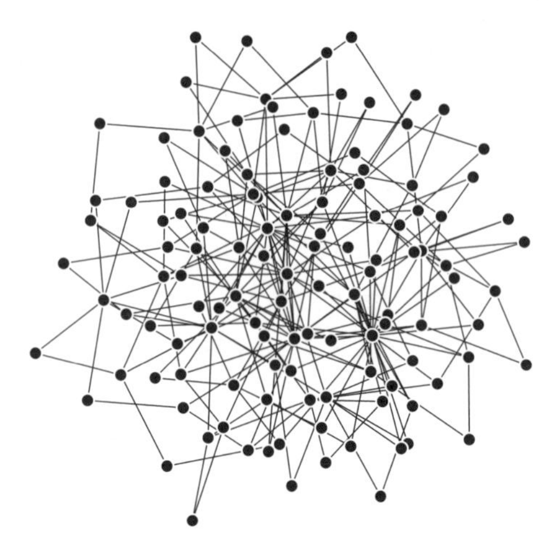

図 7.7　BA モデルによって生成されたグラフの例

BA モデルによって生成されるグラフの次数分布は，k が大きくなるに従って漸近的に k^{-3} に比例することがわかっている．また，BA モデルにおいては成長と優先的選択がともに用いられているが，これらがそろってはじめてべき乗則が現れ，片方だけではべき乗則は現れない．BA モデルの平均頂点間距離は $\log n/\log\log n$ に比例し[81]，クラスタ係数 C は $(m/8)\cdot(\log n)^2/n$ に比例することも知られている[82]．クラスタ係数については，頂点の数が多くなるに従って 0 に収束することを意味するので，クラスタ性が高いとはいえない．

BA モデルだけでスケールフリー性を有するネットワークの生成メカニズムが説明できるわけではない．BA モデルでは成長することが本質の一つであるが，ネットワークは常に成長するわけではない．非成長なスケールフリーネットワークを説明できるモデルの一つとして，**しきい値モデル**というものがある[83)]．n 個からなる頂点集合があり，各頂点 v_i は確率的に与えられた重み w_i をもっている．このとき，次の不等式を満たす頂点間 v_i と v_j にのみ辺を張る．

$$w_i + w_j \geqq \theta \tag{7.5}$$

つまり，頂点 v_i と頂点 v_j のそれぞれの重みの和 $w_i + w_j$ が，あらかじめ決めた非負実数のしきい値 θ 以上の場合のみ v_i と v_j との間に辺を張る．**図 7.8** はしきい値モデルの簡単な例である．頂点の数値はその重みを指し，二つの頂点の重みの和が 9 以上のとき，その頂点間に辺が張られるというものを表している．**図 7.9** にもう少し大きなグラフの例を挙げる．しきい値モデルにおいて，

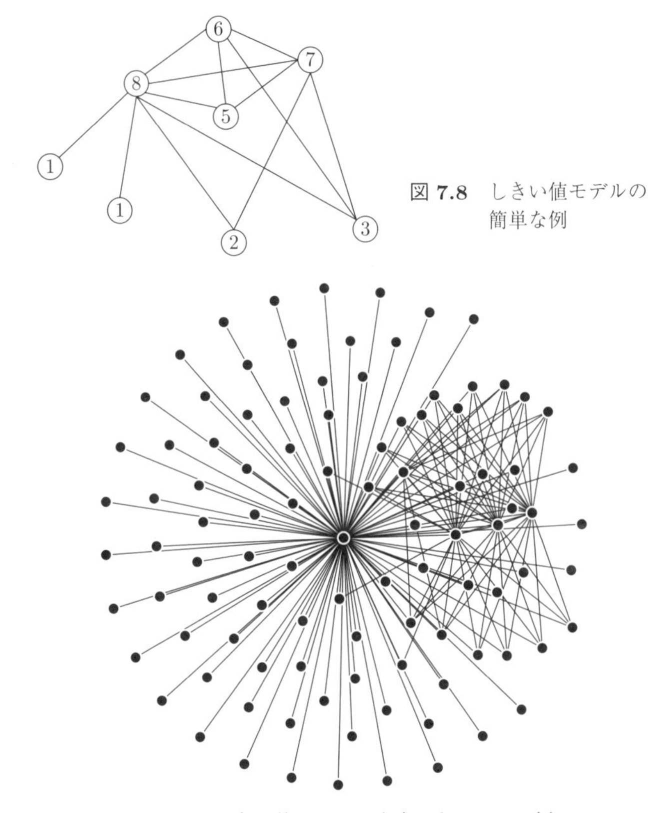

図 7.8　しきい値モデルの簡単な例

図 7.9　しきい値モデルで生成したグラフの例

頂点の重みが従う確率分布が指数分布であるとき，次数分布は漸近的に k^{-2} に比例することがわかっている[83]．また，指数分布以外でも，パレート分布など実世界でよく現れる多くの分布でべき乗則が現れることもわかっている[84]．更に，ここでは重みの和を考えたが，積を用いる場合でも同様の性質がある．しきい値モデルはBAモデルと異なり，クラスタ係数は頂点の増加に従って小さくなることはない．直径は2なので，平均点間距離は2以下であり，現実のネットワークと比較すると小さい．

人間関係を例としてしきい値モデルを考えてみる．重みをその人の活動レベル（交友関係を築く能力）を表すものとすると，活動レベルの和が大きいと友人になりやすいということに対応する．自分と相手のそれぞれのもつものの総体を考えて，互いに組むか組まないかを判断するという場面は，あちこちで見られる．ASどうしの相互接続においても，相互に無償で接続するピアリングというタイプがある．ピアリングにおいては，つなぎたいと要求してくるASすべてとつなぐのは合理的ではないため，メリットがあるかどうかを判断するだろう．ASのユーザ数の合計がある程度大きくならないと，相互接続するメリットがないと考えるかもしれない．これはしきい値モデルの考え方である．なお，ASの相互接続においては，トランジットという有償で接続するタイプもあるため，ASネットワーク全体の形成メカニズムはしきい値モデルだけで説明できるわけではない．

なお，しきい値モデルで生成される無向グラフは**しきい値グラフ**（threshold graph）というものになっている．しきい値グラフの頂点集合は，**クリーク**（clique）（互いにつながっている頂点集合）と**独立点集合**（independent set）（互いにつながっていない頂点集合）に分割でき，後者の頂点は孤立頂点（次数0の頂点）を除いて全てクリークの頂点と隣接しているというものになっている．したがって，クリークが次数の高い頂点集合に対応し，ほかの頂点はこれらに接続するという，現実の情報ネットワークのスケールフリー性と適合性の高い描像となっている．

空間を考慮した，**空間しきい値モデル**（geographical threshold model）への拡張もある[85)]．そこでは，頂点の重みの相互作用だけでなく，頂点間の空間距離の影響力も調整するパラメータが導入されている．重みの和が小さくても空間距離が近いと辺が張られやすく，逆に重みの和が大きくても距離が遠いと辺が張られにくくなるというような効果を取り入れるためである．例えば，ユークリッド空間内にランダムに頂点を配置し，頂点 v_i と頂点 v_j 間の距離を r_{ij}，重みをそれぞれ w_i, w_j，β 及び θ を非負の実数定数としたとき，次の不等式を満たす頂点間にのみ辺を張る．

$$\frac{w_i + w_j}{r_{ij}^{\beta}} \geqq \theta \tag{7.6}$$

図 7.10 に例を挙げる．このモデルは，相互の活動レベルが高くても距離が離れるとその相互作用は弱まってしまうことを考慮しており，やはり現実的な状況を反映している．

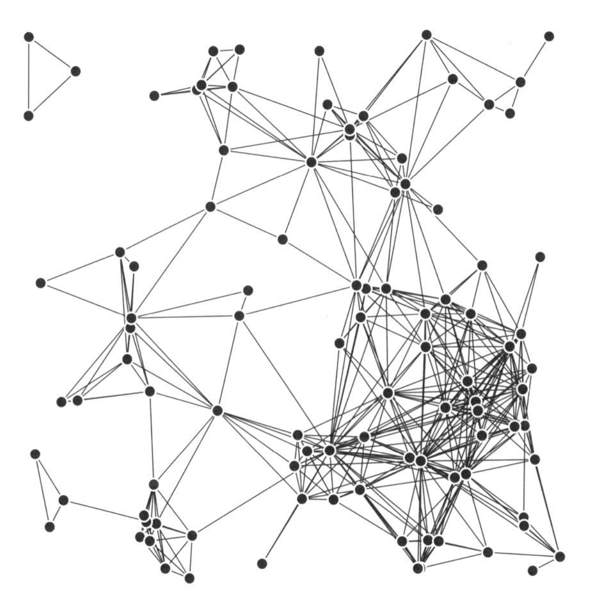

図 7.10　空間しきい値モデルで生成したグラフの例

空間しきい値モデルで生成されるグラフは，頂点間の空間距離の影響力が小さい場合はしきい値グラフに近く，大きい場合は重みの影響が弱まるため，空間距離が一定値以下の頂点間のみに辺が存在する単位円グラフというものに近づく．したがって，影響力が大きくなるにつれてグラフにおける平均頂点間距離は大きくなる．次数分布に関しては，重みが従う確率分布が指数分布の場合は厳密にはスケールフリー性をもたないが，頂点間距離の影響が弱まるにつれて，次数分布は漸近的にべき乗則に収束することが示されている[85]．

BA モデルや（空間）しきい値モデルは，前章で挙げたさまざまな性質を再現する一般的なモデルとして考案されたが，インターネットの AS ネットワークの生成モデルとしても使うことができる．

以下に，インターネットに特化したモデルとして，**HOT** (Highly Optimized Tolerance）モデル[86]，**Waxman** モデル[87]，**Transit–Stub** モデル[88] を紹介する．HOT モデルは，ユークリッド空間内に頂点をランダムに追加していく成長するモデルであるが，つなげる相手先の頂点の選択の際に「最適化」が行われることが特徴である．新たに加わった頂点 v がつながる先の頂点 w として

$$f(v, w) = \alpha \cdot d(v, w) + \beta(w)$$

を最小化する w を選択する．ここで，α は定数，$d(v, w)$ は v と w のユークリッド距離，$\beta(w)$ としては w からほかの頂点へのグラフにおける距離の平均値や最大値などが用いられる．第 1 項はネットワークにつなぐためのコストに対応し，第 2 項はネットワークにつないだあとの効率性に対応する．α が小さい場合はスター状のグラフとなり，十分大きい場合は新規参加点は最も近い頂点とつながるようになる．α がある範囲においては，次数分布がべき分布となることが知られている．Waxman モデルは，ユークリッド空間内にランダムに頂点を配置し，2 頂点間の距離が大きくなるにつれて，それらが辺でつながる確率が小さくなるとしたものである．具体的には，頂点 v と w が辺でつながる確率は

$$p(v, w) = \beta \exp(-d(v, w)/\alpha L)$$

($d(v, w)$ は v と w と間のユークリッド距離，L はその最大値，$0 \leqq \alpha, \beta \leqq 1$) とする．これは，ルータ間にリンクを設定する際，地理的に近いものどうしが

つながりやすい傾向があるとみなしていることになる．なお，Waxman モデルの次数分布はべき乗分布にはならない．Transit–Stub モデルは階層構造を考慮したものである．まず，Transit 領域に属する頂点集合から連結グラフを作り，次に複数の Stub 領域のおのおのにおいて同様に連結グラフを構成し，Transit 領域と Stub 領域，また Stub 領域どうしの間にランダムに辺を張ることによって生成される．これに類似した Tiers モデルでは，Stub 領域に LAN（Local Area Network）を反映する複数の連結グラフを更に接続する．これらのモデルにおいても，次数分布はべき乗分布になるとは限らない．以上のようにさまざまなモデルが提案されているが，一つのモデルで事が足りることはなく，利用目的に応じてモデルを選択することが重要である．実際のネットワークは，ネットワーク規模や階層レベルなどによって設計・運用の方針や考え方が異なるため，複数のモデルが混在しているからである．例えば，ユーザが接続されている LAN から ISP のバックボーンネットワークまで全体を対象としたシミュレーションなどに用いる場合には，Transit–Stub モデルや Tiers モデルが適しており，バックボーンネットワークや AS ネットワークを対象としたシミュレーションなどに用いる場合には，HOT モデルや Waxman モデルが適している．

以上，さまざまなネットワーク生成モデルを紹介したが，これら以外にも多くのモデルが提案されている．いずれも，現実のネットワークの生成原理を反映したものであるが，インターネットの生成モデルのところでも述べたように，一つの原理だけで生成されているとは限らないため，利用目的に応じたモデルかどうかを検討して選択することが重要である．

7.2.3 コミュニティ構造

情報ネットワークには局所的に相互に密接につながっている構造（コミュニティ構造）がある．人間関係ネットワークでは，家族やサークル，学校や企業や派閥といったグループがあるが，グループに属している者どうしは相互に人間関係があってつながっている．つまり，同じグループに属する人に対応する頂点間は辺でつながれており，完全グラフかそれに近いと考えられる．WWW

においても，興味を同じくするサイト間で相互にハイパーリンクを張っているサイト集合はよくあるが，有向グラフである Web グラフにおいて密につながっている構造を形成している．コミュニティは階層構造をもっている．会社の中でも部があり，その中に課があり，更にその中に係があるように，コミュニティの中にコミュニティが含まれていることも多い．

コミュニティ内部は相互に密につながっているというイメージは明確であるため，定義することは容易であるように思えるかもしれないが，実は簡単にはいかない．無向グラフ $G = (V, E)$ の頂点部分集合 V' ($|V'| = k$) から誘導される生成部分グラフが完全グラフであるとき（つまり V' の任意の 2 頂点間に辺がある），V' 及び対応する完全グラフを**クリーク**（clique）といい，k-クリークという．クリークはコミュニティと考えてもよいが，逆に全てのコミュニティはクリークでなければならないというと強すぎる．完全グラフから少し辺が欠落していてもよい場合もあるだろう．また，2 頂点からなるクリークは要するに 1 本の辺であるが，これをコミュニティとはいい難い．では，サイズを考慮すればよさそうではあるが，頂点数がいくら以上ならばコミュニティといえるかということに明確な答えがあるとも思えない．また，コミュニティの階層構造も反映できる定義であることが望ましいが，階層構造を数学的に厳密に定義することも難しい．このように，直感的に把握できそうなコミュニティではあるが，正確に定義することは実は容易ではないため，さまざまな定義が提案されているが，決定的なものはない．ここでは，広く知られているモジュラリティと，直感的なコミュニティの理解に近い孤立クリークを紹介する．

モジュラリティ（modulality）は以下のように定義される[89)]．無向グラフ $G = (V, E)$ ($|V| = n$, $|E| = m$) における頂点集合の直和分割 $V = V_1 \cup V_2 \cup \cdots \cup V_c$（ただし，$V_i \cap V_j = \emptyset (i \neq j)$）を考える．$G$ の隣接行列を A とする．A の vw 成分 a_{vw} は，頂点 v と頂点 w の間に辺があるとき 1，なければ 0 の値をとる．このとき，V_i の頂点と V_j の頂点間の辺の数の全辺数に対する割合は

$$r_{ij} = \sum_{v \in V_i} \sum_{w \in V_j} \frac{a_{vw}}{2m} \tag{7.7}$$

である．各頂点 v の次数 $d(v)$ は変えずにランダムに辺をつなぎなおしたとき，両端点が V_i に含まれる割合の期待値を考える．少なくとも一つの端点が V_i である確率は $\sum_{v \in V_i} d(v)/2m = \sum_j r_{ij}$ であるので，両端点が V_i に含まれる確率は $(\sum_j r_{ij})^2$ である．したがって，期待値は $(\sum_j r_{ij})^2$ となる．直感的には，$r_{ii} - (\sum_j r_{ij})^2$ は，両端点が V_i に含まれている割合とランダムな場合の割合の期待値との差異を表している．この値が大きければ，平均よりも V_i 内は密につながっていると考えられる．無向グラフの直和分割が与えられたときのモジュラリティ Q は

$$Q = \sum_i \left(r_{ii} - \left(\sum_j r_{ij} \right)^2 \right) \tag{7.8}$$

と定義される．モジュラリティが大きいと，この直和分割においては，各分割内は密につながっており，分割間をまたがる辺は比較的少なくなっていることを示唆している．つまり，各分割はコミュニティとみなすことができるというわけである．特に，モジュラリティが最大となる直和分割を求め，そのときの各分割をコミュニティと定義する．ただし，モジュラリティが最大となるような直和分割を求める問題は NP 困難である．そのため，さまざまなヒューリスティックなアルゴリズムが提案されている[90)]．

この定義は，直感的なコミュニティのイメージの一端を反映したものであるためよく用いられている．しかし，この定義で十分というわけではない．グラフの直和分割を考えているが，コミュニティは広いグラフ上に点在しているだけで，特にどこかのコミュニティに属しているわけでもない頂点が存在するということもあるだろう．また，モジュラリティは直和分割に基づく定義であるため，複数のコミュニティに属するようなものを扱うことができない．重なりを許容したり，ほかのさまざまなコミュニティに求められる性質を反映したような拡張もあるが，定義が複雑になり，コミュニティを求めるための計算量も大きい．

次に，**孤立クリーク**（isolated clique）を紹介しよう[91]．まず，クリークについて述べる．無向グラフが与えられたとき，頂点数の最も大きなクリークを最大クリークといい，それを求める問題を**最大クリーク問題**（maximum clique problem）という．最大クリーク問題はNP困難であることが知られている．最大ではなく極大でよければ，そのようなものを一つ求めることは容易にできる．ある頂点から始めてクリークである限り，頂点を追加していき，それ以上頂点を追加すればクリークでなくなるとき，極大クリークが得られている．グラフに含まれている極大クリークの総数は，頂点数の指数オーダであることがわかっている．コミュニティは必ずしも巨大なものばかりではないので，最大クリークをコミュニティと定義するのは適切ではないだろう．一方，極大クリークはコミュニティと考えられなくもない．

もう少しコミュニティのイメージを明確化してみよう．モジュラリティのところで述べたように，コミュニティ内部は密につながっているが，コミュニティの外部とのつながりは内部よりも少ないという特徴がありそうである．それを反映した孤立クリークという概念がある．正の実数 k に対し，極大クリーク $C(\subseteq V)$ が $|E(C)| < k|C|$ を満たすとき（$E(C)$ はカット，つまり C と $V \setminus C$ の間の辺集合），C を ***k*–孤立極大クリーク**（k–isolated maximum clique），あるいは単に ***k*–孤立クリーク**（k–isolated clique）という．**図 7.11** に孤立クリークの例を挙げる．C が孤立クリークであるとき，C の頂点とそれ以外の頂点をつなぐ辺数 $|E(C)|$ が，クリークのサイズの高々定数倍 $k|C|$ より小さい．これは，クリークと外部をつないでいる辺数がクリークのサイズに比べて相対的に少ないことを意味する．これは直感的なコミュニティのイメージを数学的に明確に捉えているといえよう．

次に，無向グラフ $G = (V, E)$ ($|V| = n$, $|E| = m$) が与えられたとき，その孤立クリークを求めるアルゴリズムを考えてみよう．最大クリーク問題とは異なり，孤立クリークは $O(m)$ の計算量で求めることができる．それどころか，$O(m)$ の計算量で「全ての」孤立クリークを列挙できる．これは驚くべき性質である．極大クリークは指数オーダ個存在するが，外部とのつながりの少ない

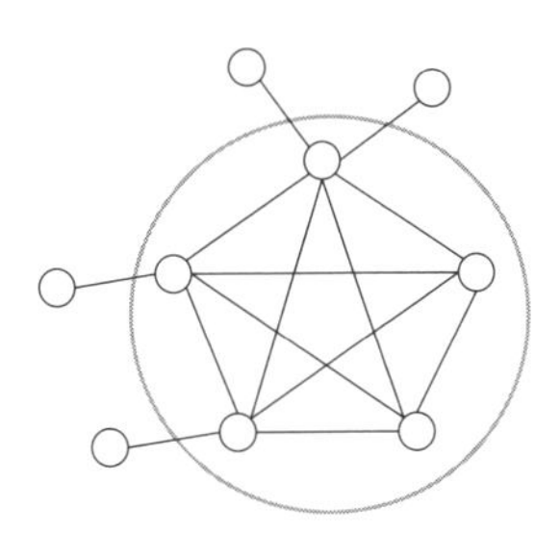

$|E(C)| = 4, |C| = 5$ なので
$|E(C)| < |C|$を満たすため,
C は 1–孤立クリーク

（a） 1–孤立クリーク C

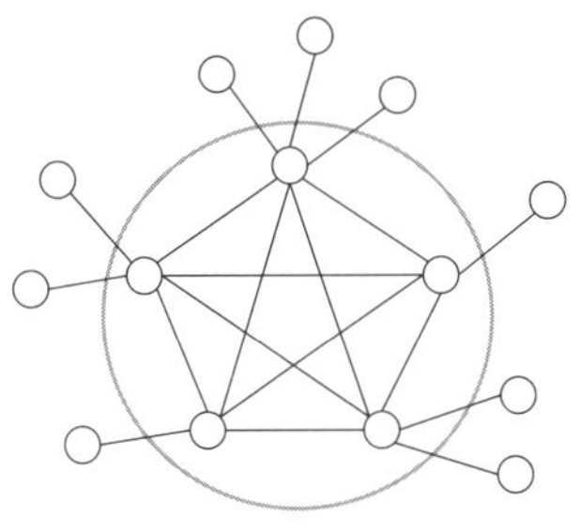

$|E(C')| = 9, |C'| = 5$ なので
$|E(C')| < 2|C'|$を満たすため,
C'は 2–孤立クリーク

（b） 2–孤立クリーク C'

図 7.11　孤立クリーク

極大クリークは $O(m)$ 個しか存在しない．これは，どのようなネットワークであっても，コミュニティの個数は本質的に多くないということを意味しているのである．

以下でそのアルゴリズム（**Algorithm 26**）について述べる．簡単のため，$k = 1$ とし，1–孤立クリークを単に孤立クリークということにする．また，頂点の番号は次数の昇順に付与されているとする．つまり

$$V = \{v_1, v_2, \cdots, v_n\} \ (d(v_1) \leqq d(v_2) \leqq \cdots \leqq d(v_n))$$

とする．ここで，$d(v_i)$ は頂点 v_i の次数を表す $(i = 1, 2, \cdots, n)$．また，$N(v)$ を頂点 v と v の隣接頂点からなる集合とする．

Algorithm 26：1–孤立クリークの全列挙アルゴリズム

Input: 無向グラフ $G = (V, E)$ $(|V| = n, |E| = m)$

Output: G に含まれる全ての 1–孤立クリーク

1 G の頂点を次数の昇順に並べる
2 各頂点の隣接リストを添字の昇順に並べる
3 **for** $i = 1$ **to** n **do**
4 　1-PIVOT(v_i)

孤立クリーク C の頂点 v であって，v と $V \setminus C$ の間の辺が存在しないようなものが存在する．もし，C の全ての頂点が $V \setminus C$ の頂点と少なくとも 1 本の辺でつながれているとすると $E(C) \geqq |C|$ となるが，これは孤立クリークの定義 $|E(C)| < |C|$ に反するからである．そこで，このような頂点のうち頂点番号の添字が最小のもの（次数が最小のもの）をピボットということにしよう．v をピボットとしてもつ孤立クリーク C が存在するならば，$N(v)$ のみである．したがって，全ての v に対して $N(v)$ が孤立クリークの定義を満たすか否かチェックすれば，孤立クリークを全列挙できることになる．孤立クリークの定義を満たすか否かは多項式オーダの計算量で済むため，全体でも多項式オーダの計算量で済むことがわかる．更にそれが $O(m)$ の計算量で可能である．次にその方法を示そう．

各頂点 v_i に対して，それをピボットとする孤立クリークを列挙する 1–PIVOT(v_i) を i の昇順に実行する（**Algorithm 27**）．1–PIVOT(v_i) にお

Algorithm 27：1–PIVOT アルゴリズム

Input: 頂点 v_i

Output: 頂点 v_i をピボットとする 1–孤立クリーク

```
1  for v_i の全ての隣接頂点 v_j do
2      if j < i then
3          return
                    /* C(= {v_i = v_{i_1}, v_{i_2}, ..., v_{i_p}} (i_1 < i_2 < ... < i_p) */
4  for k = 1 to p do
5      if d(v_{i_k}) > 2p − 2 then
6          return
                    /* C^j = {v_{i_1}, v_{i_2}, ..., v_{i_j}} */
7  for j = 2 to p do
8      if C \ N(v_{i_j}) ≠ ∅ または |E(C^j, V \ C)| ≧ j then
9          return
10 return C = {v_i = v_{i_1}, v_{i_2}, ..., v_{i_p}}
```

いて，v_i の隣接頂点内に v_i より添字の小さい頂点が含まれているならば，v_i はピボットになりえないので 1–PIVOT(v_i) を終了してよい．このチェックは $O(d(v_i))$ でできるので，グラフ全体でも $O(m)$ でできる．v_i のすべての隣接頂点の添字が v_i より大きいとき，v_i とその隣接頂点全てからなる集合を

$$C = \{v_i = v_{i_1}, v_{i_2}, \cdots, v_{i_p}\}\ (i_1 < i_2 < \cdots < i_p)$$

とする．$p = |C|$ である．C が孤立クリークならば，各 $v_j(\in C)$ に対して $d(v_j) \leqq 2p-2$ である．なぜなら，各 v_j は C のほかの $p-1$ 個の頂点との間に辺をもち，更に

$$|E(\{v_j\}, V \setminus C)| \leqq |E(C)| \leqq p-1$$

だからである．したがって，C 内に次数が $2p-2$ より大きい頂点があれば，1–PIVOT(v_j) を終了してよい．

これもやはり全体で $O(m)$ でできる．C の前から h 番目までの頂点の集合を $C^h = \{v_{i_1}, v_{i_2}, \cdots, v_{i_h}\}$ とする．C が孤立クリークならば，任意の h ($h = 1, 2, \cdots p$) に対して，$|E(C^h, V \setminus C)| < h$ が成り立つ．これは以下のようにしてわかる．ある h に対して $|E(C^h, V \setminus C)| \geqq h$ とすると，C^h の最大次数の頂点 v_{i_h} は，C 以外の頂点との間に辺をもつことになるため $d(v_{i_h}) \geqq p$ である．すると，$v_{i_{h+1}}, \cdots, v_{i_p}$ の頂点の次数も p 以上であるため，C 以外の頂点との間に 1 本以上の辺をもつ．これから

$$|E(C)| = |E(C^h, V \setminus C)| + \sum_{j=h+1}^{p} |E(v_{i_j}, V \setminus C)| \geqq h + (p-h) = p$$

となり，孤立クリークでなくなってしまうからである．以上から，アルゴリズムは，各 h に対して，v_{i_h} が C^{h-1} の頂点全てと隣接しているかどうか，また $|E(C^h, V \setminus C)| < h$ かどうか調べることを繰り返し，全ての $h = 1, 2, \cdots, p$ に対して成り立てば孤立クリークであるとする．

孤立「クリーク」ではなく，クリークに近い，密につながったグラフに対しても同様の定義が可能である．例えば，平均次数と最大次数が大きな擬クリー

ク（psuedo clique）というものに対して孤立擬クリークが定義できるが[91]，より直感的に現実に近いコミュニティを表される．

孤立クリークの考え方に基づくコミュニティの探索の応用として，膨大なサイズのWebグラフにおいて孤立クリークを縮約することによってWebグラフのサイズを圧縮し，Webグラフ上のさまざまなアルゴリズムを高速化することもできる[92),93]．

ネットワーク描画ツール

ネットワークは図で見ると把握しやすい．そのためにはデータから自動的に描画できるツールがあればたいへん便利であろう．道路網などは地理的な位置情報もあるので描画しやすいが，SNSにおける接続関係などには頂点の位置情報はない．一般的にネットワークの幾何的構造，つまりグラフのデータには頂点と辺しかないため，わかりやすく平面あるいは空間上に配置する方法というものが必要となる．しかし，必ずしも容易なものではない．例えば辺と辺が交差しないように平面に描画することはグラフの平面埋込として有名であり，クラトフスキーの定理による平面埋込可能性判定や高速描画アルゴリズムの設計など，グラフ描画というグラフ理論における研究の一分野となっているほどである．

しかし，ある程度見やすく描画できれば十分な場合も少なくない．簡易な方法としてグラフの辺をばねだと考え，安定した状態になった位置関係で配置するばねモデルなどがよく知られている．アルゴリズムも比較的簡単なので，Java言語などで自作してもそれほど難しくはないが，データから描画まで自動的に行うソフトウェアもさまざまなものが世に出ている．

Cytoscape[94] はそのようなものの一つで，オープンソースのネットワーク可視化・解析ソフトウェアである．決められたフォーマットで頂点や辺に関する情報を記述してグラフデータとして入力し，さまざまな描画アルゴリズムを選択して実行すると，自動的に描画される．図に，Cytoscapeを用いたネットワークの描画例を挙げる．

同様のツールとして，Pajek[95] や，Graphviz[96] などもある．また，図7.1のネットワークと図7.4の次数分布は，スタンフォード大学が公開しているさまざまなネットワークデータ[98] を用いて，Python言語から呼び出せるNetworkX[97] というソフトウェアパッケージを利用して描いた．上記のいずれのツールも使い方は簡単なので，初心者でもすぐに扱えるようになるであろう．

描画されたさまざまなネットワークを眺めているだけでも視覚的に楽しい．

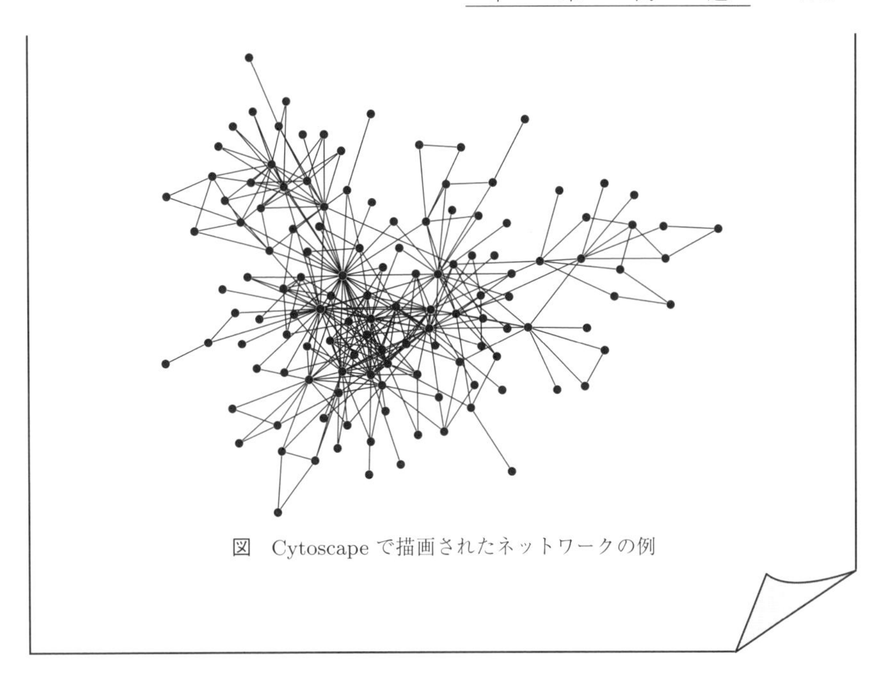

図　Cytoscape で描画されたネットワークの例

章　末　問　題

【1】 ER モデル，BA モデル，しきい値モデル，空間しきい値モデルそれぞれに対し，モデルに基づいてグラフを生成するアルゴリズムを記述し，適当なプログラミング言語で実装せよ．

【2】 前問で実装したモデルで生成したグラフに対し，次数分布を求めるアルゴリズムを記述し，適当なプログラミング言語で実装せよ．ただし，n 個の頂点からなるグラフの次数分布を求めるアルゴリズムとして，その計算量が $O(n)$ であるようなものを考えよ（ヒント：次数 i の頂点の個数をカウントする配列 `c[i]` を用意する．各頂点の次数をチェックする際に，この配列の該当次数の要素に格納されている値を 1 増加させるようにすれば，各頂点の次数チェックは 1 回限りで済む）．

第8章 おわりに

情報ネットワークの研究は，1990年代後半から現実のネットワークのデータが集まり始め，スケールフリー性などの特徴が見いだされた頃から注目を集め始めた．頃を同じくして，やはり1990年代くらいからアルゴリズムの研究の多様化が進み始めた．それまでのアルゴリズムや最適化に関する研究は，データ構造やアルゴリズムの工夫によるアルゴリズムの効率化が中心的なテーマであったが，扱われていなかったタイプの「アルゴリズム」や「最適化」を理論的に扱う枠組みが提案されたことや，近似可能性の計算量理論のブレークスルーなど，大きな進展が起こったのである．

情報ネットワークとも関わる可能性のある新しいアルゴリズムの考え方について，いくつかの例を挙げよう．

現在は，膨大なデータ，つまりビッグデータが実際に集められるようになってきたことにより，処理すべきデータ量が飛躍的に増加してきている．しかし，そもそもデータが一度には手に入らない状況も現実にはよくある．エレベータの制御を考えてみよう．最近のエレベータでは行先の階のボタンを押すものや，更にカメラで待ち人数まで把握するものもある．すると，ある時点で何人がどこの階からどこの階に行こうとしているか把握できると仮定してもよいだろう．それらがすべて把握できている状況の下で，平均待ち時間を最小化するようにエレベータの運行を決定することは最適化問題として定式化できる．これは一般にNP困難ではあるが，規模が小さければヒューリスティックなアルゴリズムを用いて解を求めることはできる．しかし，状況は時々刻々変化し，次から次へ客が到着しては希望階への移動をリクエストする．つまり，問題に新たな入力が次々に入ってきて対応しなければならないのである．これは，本書で紹介したように，入力がすべて与えられている状況の下で最適化するというタイプの最適化問題ではない．これは**オンライン最適化問題**（online optimization problem）といわれており，対応するアルゴリズムは**オンラインアルゴリズム**（online algorithm）といわれる．本書で触れたCDNにおいても用いられているキャッシュサーバでは，サーバのストレージがいっぱいになったときに優先的に削除するコンテンツを決定するキャッシュ置換アルゴリズムが性能に大きく影響する．これも，将来にリクエストされるコンテンツがわからない時点でコンテンツを削除するか否かを判断しなければならないオンラインアルゴリズムである．ほかにも，頻繁に変化するWebグラフの探索，配送スケジューリングや，為替交換タイミング決定など，さまざまな場面でオンライン最適化が必要とされている．これまでは主にヒューリスティックなアルゴリズムの検討が中心であり，理論的にどのように扱えばよいか長らくわかっていなかったが，オンラインアルゴリズムの考え方が登場したことにより，研究が急速に進んだ．これは，未来の入力もすべて知っている場合の最適解と，それがわからない場合にオンラインアルゴリズムが達成できる解との比（競合比）の上限を評価するというアプローチによるものである．情報ネットワークの分野でも，オンライン最適化問題として扱うことが妥当な問題は多く，これから更に現れてくるであろう．その際，有効なオンラインアルゴリズムの設計が必要となってくる．

また，データの誤りやノイズへの対応ができるアルゴリズムの研究がある．誤りを生じないように信頼度を上げようとすれば，膨大なコストがかかる．そもそも現実的には不可能かもしれない．n 個の値が与えられて，計算途中で最大 δ 個が任意に変化するとしたとき，壊れた値を除去すれば残りは正しい結果になっているとき，弾力性があるアルゴリズムといわれる．ソーティングに関してこのようなアルゴリズムが知られているが，まだ一般的ではない．データの誤りやノイズが最適化計算などに大きく影響する可能性は高いが，これまでは入力データの信頼性を向上させることでしのいできた．しかし，これからのビッグデータの時代においてはますます困難になってくる場合もあるだろう．

これからのアルゴリズム設計においては，データの誤りやノイズに対応できることも視野に入れておく必要があるだろう．

「まえがき」でも述べたように，情報ネットワークは所与のものとして眺めるだけの対象ではなく，実際に設計し，制御しなければならない対象でもある．技術の進歩や利用状況の変化，新たなサービスの導入などによって，一度確立した設計法や制御法は御破算になる可能性すらある．また，スケールフリー性などネットワークの特徴的な性質は知られてきたが，それを利用した効率的な設計法や制御法の研究はまだ少ない．性質の発見や生成メカニズムの解明に焦点が当てられてきたことが主な要因であるが，これらが一段落してきた現在，効率的なアルゴリズム設計に目が向かうと思われる．もっとも，性質を利用した性能向上効果を理論的に保障できるアルゴリズム設計が容易ではないこともう一つの要因であった．ただ，これまではアプローチの方法すらわからずヒューリスティックなアルゴリズムによって対処していたものでも，問題の制約条件を精緻(ち)に設定することにより効率的なアルゴリズムが設計できる場合があることは，本書でもいくつか紹介した．オンラインアルゴリズムのように，理論のブレークスルーによりうまく扱えるようになることもある．本書で紹介したBDDやZDDによる設計・制御法もそのようなものの好例である．

情報ネットワークはあまりにも急速に発展しているため，設計・制御法についてはヒューリスティックなものに留まっているものや，そもそもまだ手付かずなものが多々残っている．「最適化」と「アルゴリズム」の基礎を押さえた上で，情報ネットワークの新たな設計法・制御法を開拓していくことが求められている．

引用・参考文献

★参考文献

1) J. クラインバーグ，E. タルドシュ：アルゴリズムデザイン，共立出版 (2008)
2) T. コルメンほか：アルゴリズムイントロダクション，第3版，総合版，近代科学社 (2013)
3) B. コルテ，J. フィーゲン：組合せ最適化 第2版，丸善出版 (2012)
4) 茨木俊秀：C によるアルゴリズムとデータ構造，オーム社 (2014)
5) 茨木俊秀：情報学のための離散数学，昭晃堂 (2004)
6) 茨木俊秀，永持　仁，石井利昌：グラフ理論――連結構造とその応用――，朝倉書店 (2010)
7) R. ディーステル：グラフ理論，丸善出版 (2012)
8) 茨木俊秀：最適化の数学，共立出版 (2011)
9) 藤重　悟：グラフ・ネットワーク・組合せ論，共立出版 (2002)
10) 伊理正夫，藤重　悟，大山達雄：グラフ・ネットワーク・マトロイド，産業図書 (1986)
11) 柳浦睦憲，茨木俊秀：組合せ最適化――メタ戦略を中心として――，朝倉書店 (2001)
12) V. V. ヴァジラーニ：近似アルゴリズム，丸善出版 (2012)
13) 徳山　豪：オンラインアルゴリズムとストリームアルゴリズム，共立出版 (2007)
14) 岩間一雄：アルゴリズム・サイエンス：出口からの超入門，共立出版 (2006)
15) 滝根哲哉，伊藤大雄，西尾章治郎：ネットワーク設計理論，岩波書店 (2001)
16) 大木英司：通信ネットワークのための数理計画法，コロナ社 (2012)
17) 湊　真一（編）：超高速グラフ列挙アルゴリズム，森北出版 (2015)
18) 増田直紀，今野紀雄：複雑ネットワークの科学，産業図書 (2005)
19) 今野紀雄，井手勇介：複雑ネットワーク入門，講談社 (2008)
20) 増田直紀，今野紀雄：複雑ネットワーク――基礎から応用まで――，近代科学社 (2010)
21) 矢久保考介：複雑ネットワークとその構造，共立出版 (2013)

★引用文献

22) L. R. Ford and L. R. Fulkerson：Maximal Flow Through a Network, Canadian J. Math., **8**†, pp.399–404 (1956)

23) J. Edmonds and R. M. Karp：Theoretical improvements in algorithmic efficiency for network flow problems, J. Assoc. Comput. Mach., **19**, pp.248–264 (1972)

24) E. A. Dinic：Algorithm for solutio of a problem of maximum flow in a network with power estimation, Soviet Mathematics Doklady, **11**, pp.1277–1280 (1970)

25) IBM ILOG CPLEX Optimization Studio
http://www-01.ibm.com/software/commerce/optimization/cplex-optimizer/（2015 年 7 月現在）

26) Gurobi Optimizer
http://www.gurobi.com/（2015 年 7 月現在）

27) M. Klein：A primal method for minimum cost flows, with applications to the assignment and transportation problems, Management Science, **14**, pp.205–220 (1967)

28) E. Tardos：A strongly polynomial minimum cost circulation algorithm, Combinatorica, **5**, pp.247–255 (1985)

29) A. Schrijver：Combinatorial Optimization, Springer (2003)

30) N. Robertson and P. D. Seymour：Graph Minors XIII; The disjoint paths problem, J. Combinatorial Theory B, **63**, pp.65–110 (1995)

31) B. Fortz and M. Thorup：Optimizing OSPF/IS-IS weights in a changing world, IEEE J. Selected Areas in Communications, **20**, 4, pp.756–767 (2002)

32) B. Fortz, J. Rexford and M. Thorup：Traffic engineering with traditional IP protocols, IEEE Commun. Mag., **40**, 10, pp.118–124 (2002)

33) J. Chu and C. Lea：Optimal link weights for maximizing QoS traffic, Proc. IEEE ICC 2007, pp.605–615 (2007)

34) A. Nucci and N. Taft：Link weight assignment for operational tier-1 backbones, IEEE/ACM Transaction on Networking, **14**, 4, pp.789–802 (2007)

35) M. K. Islam and E. Oki：Optimization of OSPF link weights to counter network failure, IEEE Commun. Lett., **14**, 6, pp.581–583 (2010)

36) 野口　烈，藤村武史，巳波弘佳：限定されたリンク集合におけるメトリック更新

† 論文誌の巻番号は太字，号番号は細字で表す．

によるトラヒック制御，信学論（A），**94**, 2, pp.112–115 (2011)
37) 栗本進矢，巳波弘佳：リンクメトリック変更によるトラフィック制御に対する多項式時間アルゴリズム，信学技報，**114**, 477, NS2014-185, pp.53–58 (2015)
38) H. Ito and M. Yokoyama：Edge connectivity between nodes and node-subsets, Networks, **31**, 3, pp.157–164 (1998)
39) M. R. Garey and D. S. Johnson：Computers and Intractability: A Guide to the Theory of NP-completenes, W. H. Freeman & Co. (1979)
40) H. Nagamochi and T. Ibaraki：A linear-time algorithm for finding a sparse k-connected graph, Algorithmica, **7**, pp.583–596 (1992)
41) A. Frank, H. Nagamochi and T. Ibaraki：On sparse subgraphs preserving connectivity properties, J. Graph Theory, **17**, 3, pp.275–281 (1993)
42) J. Plesník：The complexity of designing a network with minimum diameter, Networks, **11**, pp.77–85 (1981)
43) M. Furer and B. Raghavachari：Approximating the minimum-degree steiner tree to within one of optimal, J. Algorithms, **17**, pp.409–423 (1994)
44) A. Frank：Augmenting graphs to meet edge-connectivity requirements, Proc. 31st Annual Symposium on Foundations of Computer Science (1990)
45) H. Nagamochi and T. Ibaraki：Algorithmic aspects of graph connectivity, Cambridge University Press (2008)
46) 永持　仁：グラフの連結度増大問題とその周辺，離散構造とアルゴリズム VI, pp.87–125，近代科学社 (1999)
47) H. Miwa and H. Ito：Sparse spanning subgraphs preserving connectivity and distance between vertices and vertex subsets, IEICE Trans. Fundamentals, **81**, 5, pp.832–841 (1998)
48) H. Miwa and H. Ito：NA-edge-connectivity augmentation problem by adding edges, J. Operations Research Society of Japan, **47**, 4, pp.224–243 (2004)
49) T. Ishii and M. Hagiwara：Minimum augmentation of local edge-connectivity between vertices and vertex subsets in undirected graphs, Discrete Applied Mathematics, **154**, pp.2307–2329 (2006)
50) G. Kortsarz, R. Krauthgamer and J. R. Lee：Hardness of approximation for vertex-connectivity network design problems, Lecture Notes in Computer Science, **2462**, pp.185–199 (2002)
51) K. Imagawa, T. Fujimura and H. Miwa：Detecting protected links to keep reachability to server against failures, Proc. 2013 International Conference on

Information Networking (ICOIN), pp.30–35, Bangkok, Thailand, Jan. 28-30 (Jan. 2013)

52) 今川廣二，巳波弘佳：2 リンク同時故障に対してサーバへの可到達性を高く保つ保護リンク決定法，信学技報，**112**, 463, NS2012-252, pp.505–510 (2013)

53) K. Imagawa, T. Fujimura and H. Miwa：Method for finding protected links to keep small diameter against failures, International Journal of Space-Based and Situated Computing, **3**, 2, pp.83–90 (2013)

54) R. Albert, H. Jeong and A.-L. Barabási：Error and attack tolerance of complex networks, Nature, **406**, pp.378–382 (2000)

55) T. Matsui and H. Miwa：Method for finding protected nodes for robust network against node failures, Proc. Intelligent Networking and Collaborative Systems (INCoS2014), pp.378–383, Salerno (Sep. 2014)

56) 松井知美，巳波弘佳：複数ノード破壊に耐性のある保護ノード決定のための多項式時間近似アルゴリズム，信学技報，**114**, 477, NS2014-186, pp.59–64 (2015)

57) R. Bryant：Graph-based algorithms for boolean function manipulation, IEEE Trans. Computers, **C-35**, 8, pp.677–691 (1986)

58) G. Hardy, C. Lucet and N. Limnios：K-Terminal Network Reliability Measures With Binary Decision Diagrams, IEEE Trans. Reliability, **56**, 3, pp.506–515 (2007)

59) T. Inoue, H. Iwashita, J. Kawahara and S. Minato：Graphillion: Software Library for Very Large Sets of Labeled Graphs, International Journal on Software Tools for Technology Transfer, Springer (2014)

60) T. Inoue, T. Mano, K. Mizutani, S. Minato and O. Akashi：Rethinking Packet Classification for Global Network View of Software-Defined Networking, Proc. 22nd IEEE International Conference on Network Protocols, pp.296–307 (2014)

61) J. Kawahara, T. Inoue, H. Iwashita and S. Minato：Frontier-based Search for Enumerating All Constrained Subgraphs with Compressed Representation, Hokkaido University, Division of Computer Science, TCS Technical Reports, TCS-TR-A-14-76 (2014)

62) G. Li, S. Hou and H. Jacobsen：A Unified Approach to Routing, Covering and Merging in Publish/Subscribe Systems Based on Modified Binary Decision Diagrams, Proc. 25th IEEE International Conference on Distributed Computing Systems (2005)

63) K. Sekine, H. Imai and S. Tani：Computing the Tutte polynomial of a graph of moderate size, Proc. 6th International Symposium on Algorithms and Computation, pp.224–233 (1995)
64) 林　正博，阿部威郎：通信ネットワークの信頼性，電子情報通信学会 (2010)
65) 湊　真一（編）：超高速グラフ列挙アルゴリズム，森北出版 (2015)
66) L. Yuan, C. Chuah and P. Mohapatra：ProgME: Towards Programmable Network MEasurement, IEEE/ACM Trans. Networking, **19**, issue.1, pp.115–128 (2011)
67) T. Inoue, K. Takano, T. Watanabe, J. Kawahara, R. Yoshinaka, A. Kishimoto, K. Tsuda, S. Minato and Y. Hayashi：Distribution Loss Minimization with Guaranteed Error Bound, IEEE Trans. Smart Grid, **5**, issue.1, pp.102–111 (2014)
68) H. Iwashita and S. Minato：Efficient Top-Down ZDD Construction Techniques Using Recursive Specifications, Hokkaido University, Division of Computer Science, TCS Technical Reports, TCS-TR-A-13-69 (2013)
69) D. Knuth：Combinatorial Algorithms, Part 1., The Art of Computer Programming, **4A** (2011)
70) S. Minato：Zero-suppressed BDDs for set manipulation in combinatorial problems, Proc. 30th ACM/IEEE Design Automation Conference, pp.272–277 (1993)
71) 柳谷雅之：BDD (二分決定グラフ) - 5. 組み合わせ最適化問題の BDD による解法，情報処理，**34**, 5, pp.617–623 (1993)
72) E. Al-Shaer, W. Marrero, A. El-Atawy and K. ElBadawi：Network configuration in a box: Towards end-to-end verification of network reachability and security, Proc. 17th IEEE International Conference on Network Protocols, pp.123–132 (2009)
73) E. M. Clarke Jr., O. Grumberg and D. Peled：Model Checking, MIT Press (1999)
74) N. McKeown, T. Anderson, H. Balakrishnan, G. Parulkar, L. Peterson, J. Rexford, S. Shenker and J. Turner：OpenFlow: enabling innovation in campus networks, SIGCOMM Comput. Commun. Rev., **38**, 2, pp.69–74 (2008)
75) H. Yang and S. Lam：Real-time Verification of Network Properties using Atomic Predicates, Proc. 21st IEEE International Conference on Network Protocols, pp.1–11 (2013)

76) CAIDA
http://www.caida.org/home/（2015 年 7 月現在）
77) The opte project
http://www.opte.org/（2015 年 7 月現在）
78) B. Bollobás：The diameter of random graphs, Transacitons of the American Mathematical Society, **267**, 1 (1991)
79) A.-L. Barabási and R. Albert：Emergence of scaling in random networks, Science, **286**, 5439, pp.509–512 (1999)
80) R. Albert and A.-L. Barabási：Statistical mechanics of complex networks, Review of Modern Physics, **74**, pp.47–97 (2002)
81) B. Bollobás and O. Riordan：The diameter of a scale-free random graph, Combinatorica, **24**, 1, pp.5–34 (2004)
82) K. Klemm and V. M. Eguiluz：Growing scale-free networks with small world behavior, Phys. Rev. E, **65**, 057102 (2002)
83) N. Masuda, H. Miwa and N. Konno：Analysis of scale-free networks based on a threshold graph with intrinsic vertex weights, Phys. Rev. E, **70**, 036124 (2004)
84) A. Fujihara, M. Uchida and H. Miwa：Universal power laws in the threshold network model: A theoretical analysis based on extreme value theory, Physica A, **389**, pp.1124–1130 (2010)
85) N. Masuda, H. Miwa and N. Konno：Geographical threshold graphs with small-world and scale-free properties, Phys. Rev. E, **71**, 036108 (2005)
86) A. Fabirikant, E. Koutsoupias and C. H. Papadimitriou：Heuristically optimized trade-offs: A new paradigm for power laws in the internet, Proc. International Colloquium on Automata, Languages and Programming (ICALP02), pp.110–122 (2002)
87) B. M. Waxman：Routing of multipoint connections, IEEE J. Selected Areas in Communications, **6**, 9, pp.1617–1622 (1988)
88) J. R. Eagan, J. Stasko and E. Zegura：Interacting with Transit-Stub Network Visualizations, Poster compendium, 76 (2003)
http://www.cc.gatech.edu/gvu/ii/netviz/eaganIV2k3poster.pdf（2015 年 7 月現在）
89) M. E. J. Newman：Modularity and community structure in networks, Proc. Natl. Acad. Sci. USA, **103**, 23, pp.8577–8696 (2006)

90) M. Girvan and M. E. J. Newman：Community structure in social and biological networks, Proc. Natl. Acad. Sci. USA, **99**, pp.7821–7826 (2002)

91) H. Ito and K. Iwama：Ennumeration of isolated cliques and psudo-clique, ACM Trans. Algorithms, **5**, 4, Article 40 (2009)

92) Y. Uno, Y. Ota and A. Uemichi：Web Structure Mining by Isolated Cliques, IEICE Trans. Inf. & Syst., **E90-D**, 12, pp.1998–2006 (2007)

93) 小栗史弥，清谷竜也，宇野裕之：孤立クリークおよび孤立スター縮約ウェブグラフにおけるウェブ構造マイニング，信学技報，**109**, 391, COMP2009-44, pp.37–44 (2010)

94) Cytoscape
http://www.cytoscape.org/（2015 年 7 月現在）

95) Pajek
http://vlado.fmf.uni-lj.si/pub/networks/pajek/（2015 年 7 月現在）

96) Graphviz
http://www.graphviz.org/（2015 年 7 月現在）

97) NetworkX
https://networkx.github.io/（2015 年 7 月現在）

98) Stanford Large Network Dataset Collection
https://snap.stanford.edu/data/（2015 年 7 月現在）

索　　　引

―― 著者略歴 ――

巳波　弘佳（みわ　ひろよし）
1992年　東京大学理学部数学科卒業
1992年　日本電信電話株式会社 通信網総合研究所 研究員
2000年　博士（情報学）（京都大学）
2002年　関西学院大学専任講師
2006年　関西学院大学助教授
2007年　関西学院大学准教授（職名変更）
2012年　関西学院大学教授
現在に至る

井上　武（いのうえ　たける）
1998年　京都大学工学部物理工学科卒業
2000年　京都大学大学院工学研究科博士前期課程修了（機械物理工学専攻）
2000年　日本電信電話株式会社 NTT 未来ねっと研究所 研究員
2006年　京都大学大学院情報学研究科博士後期課程修了（通信情報システム専攻）
博士（情報学）
2011年　独立行政法人科学技術振興機構 ERATO 研究員
2013年　日本電信電話株式会社 NTT 未来ねっと研究所 主任研究員
現在に至る

情報ネットワークの数理と最適化
――性能や信頼性を高めるためのデータ構造とアルゴリズム――
Algorithms and Data Structures for Optimization in Information Networks

2015年12月16日　初版第1刷発行

検印省略

監修者　一般社団法人
電子情報通信学会
http://www.ieice.org/
著者　巳波弘佳
井上武
発行者　株式会社　コロナ社
代表者　牛来真也
印刷所　三美印刷株式会社

112–0011　東京都文京区千石 4–46–10
発行所　株式会社　コロナ社
CORONA PUBLISHING CO., LTD.
Tokyo Japan
振替 00140–8–14844・電話(03)3941–3131(代)
ホームページ http://www.coronasha.co.jp

ISBN 978–4–339–02802–7　（製本：愛千製本所）
Printed in Japan